KB122194

백수가 떠난 유럽

어떤 일이 벌어질지 어떤 사람을 만나게 될지 전혀 알 수 없는 삶.
'여행'이란 도전을 시작했음을 유리창에 비친 하늘을 보며 실감했다.
글·사진 권동환

백수가 떠난 유럽

담애북스

Prologue.

나의 여행은 어느 가을에 시작되었습니다. 무더운 열기와 차디찬 공기 사이에서 선선한 바람이 불던 어느 가을, 혼자만의 고민에 빠졌습니다. 갈까 말까, 갈까 말까. 스물네 살. 적지도 많지도 않은 나이였던 그 시절, 달콤하지만 고민스러운 여행이라는 고민이 생겼습니다.

—

여행을 떠나게 된 계기는 아버지의 빈자리 때문이었습니다. 아버지의 사랑으로 시작된 유학생활 7년 만에 어머니와 아버지와 나, 이렇게 가족 셋이 다시 모여 살게 되었습니다. 스물세 살이던 그때 나는 세상 물정 모르는 철부지 아들이었는데 그런 나에게 어느 날 날벼락 같은 소식이 떨어졌습니다. 바로 아버지의 암이었죠. 병실에서 아버지가 저에게 묻더군요.
"니, 아부지 없으면 우예 살래?"
눈을 가릴 정도로 마스크를 올려 쓰고 흐느끼다 뛰쳐나온 병실의 문턱은 너무나도 높아만 보였고 다시 들어가기 두려웠습니다. 몇 달 뒤 유언 한마디 없이 고통 속에서 생을 마감하신 아버지의 말씀 중 이런 말이 떠올랐습니다.
"두 다리가 움직일 수 있을 때 떠나라."

왜 유럽 일주를 생각했을까요?

어린 시절 또래들과 어울려 한 달간 유럽으로 어학연수를 갔습니다. 열한 살이라는 너무 어린 나이였기에 많은 것을 배우지 못하고 기억도 또렷하지 않지만 '유럽은 멋진 곳'이라는 추억만큼은 마음속 깊이 새겨져 있었습니다. 마음에서 배어 나는 향기를 따라 유럽으로 향하게 되었습니다.

"엄마, 갔다 올게."
"조심히 갔다 온나."

부산역에서 유일한 가족인 엄마와 나는 인사였습니다. 20년 이상 살아온 온가족의 추억이 묻은 텅 빈 집에 홀로 남아 있을 엄마에 대한 미안함과 고마움을 담은 말이 기껏 "엄마, 갔다 올게."였습니다. 엄마 역시 아들 걱정이 되는지 안 되는지 모르게 언제나와 같이 짧은 인사를 건네었습니다.

그렇게 나의 여행은 정말 시작되었습니다.

Contents.

이탈리아

나의 여행은 정말 시작되었다

01

첫 발걸음이 닿은 곳,

여행의 시작점으로 선택한 곳은 축구의 나라이자 유럽의 모든 문명이 시작된 이탈리아 로마였다. 거리로 나오자마자 눈에 띈 한 중년의 공놀이 묘기를 보며 나의 여행은 정말 시작되었다.

#02

어린 시절 로마를 배경으로 만든 영화 속에서 검투사가 맹수와 싸우는 모습을 보았다. 콜로세움에 왔을 때 영화의 그 장면이 오버랩된 건 이곳에서 그들의 흔적이 느껴졌기 때문이다. 당시에는 노예들뿐만 아니라 직업으로 일반인들이 검투사로 활동하기도 했는데 수많은 투사가 콜로세움에서 목숨을 잃은 것에 대해 현대인의 시각에서는 다소 잔인하다고 생각한다. 하지만 우리가 생각하는 것과 조금 다르게 콜로세움은 로마 시민들의 욕망을 풀어 주고 그들을 즐기게 해 주던 공공오락시설이었다. 유럽의 역사에서 가장 큰 제국을 이루었던 로마제국의 문명은 긴 세월 속에 파괴되고 변했지만 콜로세움은 아직도 로마의 한 자리를 차지하며 찬란했던 과거를 어렴풋이 그릴 수 있게 해 주었다.

03

로마에서는 많은 젊은이들이 자신들의 끼와 재능을 보이며 행복을 찾는 것 같았다. 특히 유럽에서 처음 봤던 버스킹은 내게 작은 꿈을 가지게 했는데 기타를 치며 자신만의 목소리를 들려주던 한 청년을 보며 나도 언젠가 유럽의 거리에서 꼭 노래를 부르리라 다짐했다.

#04

로마에는 수많은 예술가들이 자리를 잡고 있는데 그들은 두 유형으로 나뉜다. 한 부류는 사기꾼, 한 부류는 진짜 예술가.

과거 로마 전투복을 입은 사람이 내게 와서 사진을 함께 찍자기에 순수한 마음으로 '아! 로마는 이렇게 관광객들을 즐겁게 해 주는구나!' 라고 생각했다. 하지만 착각도 잠시, 그들은 갑자기 내게 20유로를 강요했다. 억울하게 20유로를 빼앗길 수밖에…. 반대로 어느 거리에서는 한 여인이 스프레이와 손을 사용해서 그림을 그리고 있었는데 감탄을 자아낼 만큼 섬세하고 아름다운 그림이어서 나도 모르는 새 그녀를 위한 박수가 나왔다.

여행 중에 이유 없이 선의를 베풀거나 웃으며 다가오는 사람을 조심해야 한다는 것을 배운 하루였다.

세계는 한 권의 책이다.
여행하지 않은 사람은 그 책의 한 페이지만 읽었을 뿐이다.
아우구스티누스 _ 고대 철학자

05

바티칸. 이탈리아의 로마 안에 있는 도시 국가. 세계에서 가장 작은 나라 바티칸시국은 신권국가이며 가톨릭의 심장인 곳이다.

솔직히 로마와 경계조차 느껴지지 않을 정도로 가깝고 작은 나라였기에 나는 바티칸 안에 들어와서도 '바티칸이 어디지?' 라며 한참을 찾아 헤맸다.

지금 와서 후회되는 것은 '바티칸 항공 뷰' 라고 성 베드로 대성당 꼭대기에서 바라보는 로마의 전경을 보지 못한 것이다. 아무런 정보 없이 떠난 것이 여행의 묘미가 될 수 있겠지만 지금 되돌려 생각하면 아무것도 몰랐기에 이런 아쉬운 일이 생긴 것 같다. 하지만 그렇기에 언젠가 다시 바티칸 항공 뷰를 보기 위해 로마로 향할 날이 오지 않겠는가.

#06

일본 영화 '냉정과 열정 사이'의 배경이 되었던 피렌체 산타 마리아 델 피오레 대성당은 지붕이 돔 형식으로 된 독특한 건축물이다. 성당 주변에는 피렌체의 아름다움을 감상하며 걷다가 지친 다리를 위해 앉아 쉬는 사람들이 많았다.

07

길에서 흔히 마주치던 거리의 상인.

08

해가 지기 전 허겁지겁 오른 미켈란젤로 언덕에서 바라본 피렌체의 전망을 카메라에 다 담을 수는 없었다. 수채화 같은 하늘과 무지갯빛으로 이루어진 베키오 다리와 하얀 조명으로 빛나는 두오모 광장이 피렌체의 밤을 반기고 있었다. 그리고 나는 이곳에서 로마에서 꾼 작은 꿈을 이루게 되었다.

09

버스킹을 하며 유럽을 여행하던 청년 두 명이 이탈리아 노래와 한국 가요를 번갈아 가며 부르고 있었다. 그 모습을 보는 순간, 부끄러웠지만 호기심 가득했던 내 마음이 나를 그들 옆에 앉게 했고 지나가던 또 다른 한국인들이 그 옆에 자리를 잡고 앉으면서 함께 애국가를 부르고 몇 곡의 한국 가요를 불렀는데, 그 환희로웠던 기억. 내 젊은 날의 가슴 뭉클하게 아름다운 시간으로 기억되는 순간이다.

나의 튼튼한 체구를

든든하게 받쳐 준

자전거,

고마웠어!

#10

한두 시간이면 명소를 다 볼 수 있을 만큼 심플한 도시 피사는 갈릴레이의 고향이다. 갈릴레이가 자유낙하 실험을 한 장소로 알려진 피사의 사탑은 많은 사람들이 원근법을 이용해서 사진을 찍는 곳으로 유명하다. 피사의 탑 주변에는 우스꽝스러운 자세로 사진을 찍는 사람들이 많아서 그들을 바라보는 것만으로도 재미났다. 이렇게 사람들이 재미난 사진을 찍을 수 있게 한쪽으로 기울어진 피사의 탑은 정말 내일이라도 쓰러질 것처럼 심하게 기울어져 있었다. 볼수록 특이한 광경이었다.

12

'5개의 땅' 을 칭하는 친퀘테레는 5개의 마을 중 가장 큰 리오마조레에서 시작된다. 마을 간 도로가 형성되어 있지 않아 철도나 산책로를 이용해서 이동이 가능했는데 마을의 연결고리 역할을 하는 '사랑의 길' 시작점인 리오마조레의 산책로는 어떤 이유에서인지 철문이 잠겨 이용이 불가능했다. 건물 사이사이의 좁은 골목길을 통해 현지인들과 눈인사를 즐겼다.

1 1

이탈리아 북서부 해안에 자리 잡은 5개의 마을을 통틀어 '친퀘테레' 라고 불렀다. 친퀘테레 바로 옆에는 라스페치아라는 중소 도시가 있는데 밀라노나 피렌체 같은 대도시를 오고 가는 데 교통이 편리해 많은 사람들이 이곳에 숙박을 잡는다. 나 또한 이곳에 며칠을 머무르며 친퀘테레의 아름다움에 빠질 수 있었다.

#13

리오마조레의 전체 풍경을 찍기 위해 오른편의 꼭대기로 올라갔다가 역광 때문에 사진이 잘 찍히지 않아 반대편의 전망대로 숨을 헐떡거리며 다시 올라갔다. 길이 너무 꼬불꼬불해서 빙빙 돌아 올라갈 수밖에 없었는데 뱀처럼 휘어진 리오마조레의 마을을 내려다보니 힘들게라도 올라오길 잘했다는 생각이 들었다. 유명한 건축물로 웅장함을 선물하는 도시와 다르게 소박함을 가진 또 다른 이탈리아를 맛볼 수 있었다.

#14

푸른 하늘과 따뜻한 햇살이 기다리고 있던 마나롤라. 드넓은 바다가 한층 더 멋지게 만들어 줄 거라 믿고 바다를 향해 발걸음을 옮겼다.

1 5

선율바다의 '바다의 음악' 이 잘 어울리는 마나롤라.

16

가파른 지형에 빼곡하게 세워진 집과 카페들이 마나롤라를 더욱 빛나게 했다. 집집마다 제각각 색깔이 칠해진 것은 어업을 생업으로 하는 주민들이 마을에서 일하면서도 자신의 집을 쉽게 찾을 수 있게 하기 위해서라고.

그러한 아름다움을 멋지게 찍어 보려 절벽을 오르내리다 파도에 휩쓸려 갈 뻔하여
이탈리아에서 가장 기억에 남는 곳은 이곳 '마나롤라'가 되었다.

1 7

다섯 번째 마을 몬테로소 알 마레.

#18

친퀘테레의 다른 마을과 달리 모래사장 해변이 있고 관광객으로 시끌벅적한 마을. 에메랄드빛의 지중해 바닷물은 우리나라 동해의 바닷물보다 맑은 생수처럼 느껴졌다.

배고플 때 보이는 레스토랑이 나만의 맛집이냐 혹은 인터넷의 유명한 맛집이냐는 많은 여행자들의 고민이다. 너무 짜거나 덜 익은 음식뿐이었던 이탈리아에서 맛집을 찾기란 힘들었다. 하지만 우연히 방문한 해산물 레스토랑에서 먹은 음식은 나만의 맛집 요리가 되어 지금도 생각이 난다. 킹크랩, 문어, 조개, 새우 등 해산물 삶은 요리를 파는 이곳은 바로 몬테로소.

19

밀라노의 상징이라 볼 수 있는 밀라노 대성당은 500년이란 세월 끝에 완공되었지만 섬세함과 정교함만큼은 패션의 도시라는 명성에 어울릴 만큼 화려했다. 성당 입구에 있던 군인들이 소지품과 복장을 검사했는데 내 앞에 있던 핫팬츠를 입은 여학생은 다리가 보인다는 이유로 출입이 허가되지 않았다.

20

밀라노 대성당을 짓던 시절 대리석 같은 자재를
운반하기 위해 만들어진 나빌리오 운하는 지금은
젊음과 여유, 낭만을 누리는 곳이 되어 있었다.

21

거리를 걷는데 우연히 음악 소리가 내 귀에 흘러 들어왔다. 소리를 따라 한 발 한 발 내딛다 마주한 것은, 나이 성별 구별 없는 다양한 연주자들로 구성된 악단. 관중들 사이에서 실력을 한껏 뽐내고 있었다.

그들의 아름다운 음률이 계획되지 않은 자리에 나를 머물게 했고, 돈 한 푼 안 주고 듣기에 미안할 정도로 멋진 음악을 선보인 그들 덕분에 내 기억 속에 밀라노는 더욱 특별하다. 그날 그 길모퉁이에서 그들의 음악에 동화되어 함께한 시간은 쉬이 잊혀지지 않을 것 같다.

문득 기억이 떠올라 그날을 아름답게 추억할 수 있다는 것은

여행이 주는 큰 선물이 아닐까.

22

밀라노의 단테 거리를 걷다가 눈에 띈 우리나라 국기. 나도 모르게 뭉클함이 일었다. 복잡한 절차 없이 언제든 안전하게 외국을 여행할 수 있게 해 준 나의 조국. 여행을 하며 크게 느낀 부분이다.

운하를 사이에 둔 건물 벽들.
시간을 두고
천천히 낡아 간다는 것은
아름다운 일이다.

#23

비슷비슷한 거리와 작고 큰 다리를 건너 도착한 산 마르코 광장은 수많은 사람들을 감싸 안고 있었고, 광장을 비롯한 주변 건물들은 베니스의 현재와 과거를 함께하고 있었다. 오랜 세월의 허름함 속에서 느껴지는 당당함과 고귀함을 마주하며 나는 베니스를 바라보았다.

2 4

특별한 이동 수단이 없는 베니스에서는 배가 지하철이자 버스이자 택시였는데 바다 위에 건설된 베니스는 '물의 도시' 라는 수식어를 완벽히 소화했다.

25

베니스, 누군가에게는 로망이자 누군가에게는 삶의 터전이 되는 곳이다. 세계 최고의 운하 도시인 베니스는 죽기 전에 꼭 가 봐야 할 여행지였는데 그 이유는 수십 년 안에 바닷속으로 가라앉아 사라지기 때문이다. 그러한 사실을 뒤로한 채 평범한 일상을 보내는 베니스 시민들을 보니 불현듯 씁쓸해졌다.

오스트리아

나는 외롭게 거리를 걷습니다

#26

오스트리아, 헝가리, 벨기에, 네덜란드, 독일, 스페인, 포르투갈 등 유럽의 강소국들을 잡고 통치를 했던 한 가문이 있었다. 바로 합스부르크 가문이었는데 현재 오스트리아의 수도 빈은 과거 그들 삶의 중심지였다. 유럽을 휘어잡은 그들의 영향력 덕에 발전한 문화는 빈에 '예술과 음악의 도시'라는 아름다운 수식어를 선물했다.

27

빈에서는 낮과 밤의 경계 없이 다양한 장르의 음악을 거리 곳곳에서 들을 수 있었다. 일주일 가까이 빈에 머무는 동안 영국 가수 스팅의 'Shape of My Heart'를 연주하며 부르던 밴드와 신기한 타악기를 연주하던 동양인을 볼 수 있었다. 악기를 다루던 동양인은 일본인으로 보였는데 그들의 열정에 대한 인사로 5유로를 건네자 내 마음을 알았는지 윙크를 건네 왔다.

2 8

이리저리 다니며 찾은 오페라하우스에서의 공연은 복장 규제로 출입을 통제당했다. 안타까운 마음으로 그 자리를 나서려는데 한 남자가 슬그머니 다가와 복장 규제가 없는 오페라 공연도 있다고 내 귀를 홀렸다. 음악과 예술의 나라인 오스트리아까지 와서 공연을 위한 돈을 아끼고 싶지 않아 20유로 정도 더 내고 VIP석 티켓을 샀다.

하지만 공연 시간이 다 되어 찾아간 오페라극장은 생각과는 달랐다. 내가 생각한 웅장한 공연장은 어디 있는지 안 보이고 100여 명 정도만 수용 가능한 자그마한 무대는 낯선 이방인에게 실망감을 주기에 충분했는데, 공연이 시작되고 객석에서 관중을 가장한 테너와 소프라노 성악가들이 연기를 하며 나와 무대를 장악하자 내 마음은 서서히 만족감으로 채워졌다.

2 9

링 거리. 모차르트를 비롯해서 유명한 음악가들이 양성되고 또 활동한 빈의 링을 중심으로 많은 문화재가 자리 잡고 있었는데 빈의 도심을 중심으로 동그랗게 반지 형태로 만들어진 길을 '링'이라 칭했다. 공연이 끝나고 링 거리를 누볐다.

#30

"나는 외롭게 거리를 걷습니다."

캄캄한 밤하늘 아래 피아노 다이어리의
'Lonely Nights'를 들으며 링 거리를 걸었다.

31

빈에서 빼놓을 수 없는 건축물은 바로 쇤브룬 궁전이다. 합스부르크가의 왕궁으로 합스부르크 가문이 국제적인 왕실로 세력을 떨치던 시절 그들의 심장과 같은 곳이었는데 정면에서 바라본 궁전은 마치 합스부르크 가문의 위엄을 보여 주는 듯했다. 오스트리아 왕실을 600년 이상 통치하기도 했던 그들은 신성 로마 제국의 황제로까지 선출될 정도로 당시 유럽에서 강한 왕실 가문이었지만 그들에게도 약점이 있었다. 근친혼을 통해 명문 왕가의 혈통을 유지하려 했던 그들의 후손들이 병약해서 빨리 죽거나 신체적 혹은 정신적 장애를 가지고 있었기 때문이다. 그들의 대표적인 유전 질환은 '돌악' 이었는데 원숭이나 침팬지에게서 볼 수 있는, 얼굴 앞으로 튀어나온 턱 모양을 말한다.

오랜 기간 유럽을 호령한 합스부르크 가의 조상들은 근친혼으로 제국을 지배했지만 후손들은 그들의 업보를 고스란히 받으며 반란이 아닌 가문을 지킬 후손이 끊김으로써 몰락한 특이한 가문이기도 했다.

3 2

시간을 보내기 위해 숙소 근처의 작은 바에 앉았다. 주문을 받으러 온 초록 머리의 아르바이트생이 슬리퍼 신은 내 발을 보며 "추운 겨울에 왜 슬리퍼를 신고 왔느냐."고 궁금해하며 물었는데 한국인은 집 앞에 갈 때 슬리퍼를 자주 신는다는 문화를 어떻게 설명해 줄지 고민했다. 한 잔 두 잔 넘어가는 맥주에 찬바람이 발가락 사이로 스며드는 것도 잊은 채 힘껏 마시고 즐겁게 취했던 빈에서의 마지막 밤이었다.

33

평화로운 시골 느낌의 그라츠를 방황하다가 눈에 띈 컵밥 가게. 동양인 가족이 운영하는 레스토랑에서 뭘 주문할지 고민하던 중에 카운터를 보던 여성이 어느 나라 사람이냐고 말을 건네 왔다. 동양인이 흔치 않은 그라츠이기에 같은 중국인이겠구나 싶어서 말을 건넨 줄 알았는데 놀랍게도 나와 같은 한국인이었다. 브라질과 중국을 오가며 살다가 결혼을 하고 남편 가족과 오스트리아에 와서 식당을 운영한다고 말해 주었다. 나보다 나이가 많은 여성이었는데 오랜만에 만난 한국인이라 반갑다며 덴푸라와 스시를 주셨다. 뭐라 표현할 수 없이 맛있었다.

3 4

시간이 지날수록 '유럽'이란 새로운 환경에 적응하니 문득 처음 로마에 도착해서 허둥대던 여행의 시작이 떠오른다. 두렵지 않다. 어디든.

3 5

그라츠에서 가장 높은 곳에 지어진 요새 슐로스베르크. 유명한 곳보다는 평화로움을 주는 곳이 멋진 여행지가 아닌가 하는 생각이 그라츠를 돌아다니는 내내 머릿속에 머물렀다.

36

요새를 오르내릴 수 있는 트램의 맨 앞에 앉았다. 슐로스베르크 언덕에 위치한 종탑과 공원을 둘러보다 짹짹 지저귀는 새소리를 들으며 붉게 펼쳐진 그라츠를 보았다.

#37

건축학을 전공하는 학생들에게 교재가 될 만큼 독특한 디자인을 가진 두 건축물이 그라츠에 있었다. 하나는 무어 강에 자리 잡은 인공섬 '무어섬' 이다. 내부에 카페와 공연장이 있었고 강 양쪽 지역에서 건너올 수 있도록 중간에서 다리가 되어 주었다. 또 다른 하나는 세계 건축계의 이목을 끌었던 독특한 외형을 가진 '쿤스트하우스' 인데 그라츠의 역사와 사회를 반영하는 미술관에 내부에 있었다. 이 두 건축물은 모두 2003년에 그라츠가 유럽 문화수도로 지정된 것을 기념하기 위해서, 그리고 중상류층이 사는 동쪽 지역과 빈민층이 거주하는 서쪽 지역의 사회·문화적인 갈등을 해소하기 위해서 만들어졌다. 1천년 이상 된 중세 도시에 동서 간의 갈등 해소를 위해 이런 혁신적인 도전을 한 그라츠 시가 대단하다고 생각되었다.

38

규모가 아담해서 걸어 다니면서 유럽의 향기를 맡기엔 최적화된 그라츠. 개인적으로는 수도 빈보다 기억에 많이 남는 곳이다.

슬로베니아

어느새 걷는 게 익숙해졌다

3 9

발칸반도에 발을 담그고 처음으로 방문한 곳은 슬로베니아의 수도 류블랴나. 헝가리로 가는 길목에 있어 별 부담 없이 들렀는데 교통권을 살 필요 없이 걸어서 여행이 가능할 만큼 작고 아기자기한 동네였다.

4 0

류블랴나 성으로 가는 중.

어느새 걷는 게 익숙해졌다.

41

한 작은 꼬마 녀석이 악마처럼 씩 웃으며 나에게 무슨 말을 던지자 아이의 엄마가 "아임 소리(I'm sorry), 아임 소리(I'm sorry)."를 연달아 말했는데 과연 아이가 무슨 말을 했는지 궁금했다.

걷고 걷다가 서유럽에서는 느낄 수 없는 낡고 매혹적인 골목에서 발걸음을 멈추었다. 이곳에서 독사진을 찍으려고 사람이 지나가기를 30분을 기다렸던 기억이 떠올라 미소가 지어지는 지금.

PRESEREN

#42

류블랴나 성과 강을 바라볼 수 있는 중앙광장인 프레세르노프 광장은 우리나라 만남의 광장처럼 많은 연인이나 친구들이 이야기꽃을 피우는 곳이다. 광장에서 한 청년에게 카메라를 건네어 사진을 찍어 달라고 했는데, 청년은 흔쾌히 사진을 찍어 주고는 자기는 이곳 대학생이라며 류블랴나에 대해 설명을 해 주었다. 그 가운데 동상에 관한 이야기가 기억에 남는다. 대부분 도심에는 왕이나 상징적 인물의 동상이 세워지기 마련인데 이곳에는 슬로베니아의 국가國歌를 만든 시인 프란체 프레셰렌의 동상이 세워져 있었다. 그의 연인의 조각도 함께 있었는데 신분 차이로 사랑을 이루지 못한 두 사람을 위해 세워졌다고 말했다. 괜스레 뭉클해지는 이야기였다.

헝가리로 가는 열차 안이다.
언제 만들어졌는지
누군가 살기는 하는지
전혀 알 수 없었지만
멀리서 보아도 단단함과
웅장함으로 무장한 요새 같았다.

나는 지금 헝가리로 가고 있다.

헝가리

“해피 버스데이”와 “어메이징 코리안”

43

영화나 드라마에 자주 등장할 만큼 아름다운 도시라는 것만 알고 열차역에 도착했다. 부다페스트. 동유럽의 도시 치고는 큰 도시라 며칠을 머물면서 걸어 다녔는데 특히 건국 1000년을 기념해서 만든 세계 두 번째로 큰 국회의사당과 반대편의 부다 왕궁, 그리고 그 중간을 가로지르는 세체니 다리는 다뉴브 강과 어우러져 황금빛 아름다운 야경을 만들어 내고 있었다.

44

많은 사람들이 모르는 사실이 있다. 헝가리의 수도 부다페스트는 왕궁과 역사적인 건축물이 자리한 부다와 상업지역인 페스트가 합쳐진 도시라는 것을. 부다와 페스트를 연결하는 세체니 다리는 부다페스트의 야경에서 빼놓을 수 없는 상징적인 다리이기도 했다.

여행은 언제나 돈의 문제가 아니라 용기의 문제다.

파울로 코엘료_작가

45

이곳은 온천! 온천으로 유명하기도 한 헝가리의 세체니 온천은 동양의 뜨겁디 뜨거운 온천과 다르게 물이 미지근했다. 언뜻 보면 수영장 같은 이곳에서 나른한 오후를 보냈다.

46

부다페스트에서 가장 기억에 남는 것은, 잠깐이지만 내가 가수가 되었다는 것이다. 동행했던 형의 생일 파티를 위해 거리의 어느 펍(Pub)에 들어갔다. 거기에서 형을 위한 생일축하 노래를 부르게 되었는데 우연히 내 노래를 들은 한 아저씨가 자신의 친구 생일을 축하해 주고 싶다며 나에게 노래 한 곡을 부탁해 왔다. 나는 진심을 다해 '해피 버스데이'를 불렀고 펍에 있던 모든 사람이 환호와 박수를 보내며 "어메이징 코리안"을 외쳤다. 그분께서 답례로 술을 사 주셨는데 그 맛있었던 술과 즐거웠던 분위기는 아마 평생 잊지 못할 것이다.

#47

스물네 살, 다들 젊은 나이라고 하지만 '젊다' '젊지 않다'에 별로 개념을 두지 않는 건, 아마도 내가 여전히 어리기 때문일 것이다. 낯선 곳에서 길을 잃어도 크게 두렵지 않다. 천천히 되돌아 다시 가면 된다. 아마도 그 길이 어른이 되어 가는 길이지 않을까.

크로아티아
나는 지금
평화롭습니다

바보는 방황하고 현명한 사람은 여행한다.

토마스 풀러_ 역사학자

4 8

수다를 떠는, 노점을 기웃거리는, 어디론가를 향해 걷는 사람들. 작지만 자그레브 사람들의 만남의 광장인 이곳은 바로 반 옐라치치 광장.

4 9

하양, 빨강, 파랑의 모자이크 바탕 지붕으로 유명한 성 마르코 성당. 자그레브를 대표하는 건물 중 하나인데 지붕의 왼쪽은 크로아티아 상징 문장, 오른쪽은 자그레브 상징 문장이 장식되어 있다.
이 귀여운 성당 앞에서 있었던 에피소드가 생각난다. 성당과 함께 나란히 사진을 찍기 위해 지나가던 백인에게 카메라를 건넸는데 어찌나 대충 찍는지, 얼굴 없이 몸통만 찍거나 얼굴만 찍거나. 미련 없이 꾸욱 누른 삭제 버튼.

#50

자그마하지만 밤낮으로 수도의 위엄을 보여 주던 자그레브의 구시가지와 신시가지에서는 여느 수도와는 다르게 여유를 가지고 살아가는 크로아티아인들을 볼 수 있었다. 어느 날 밤에는 '여행 정보 센터' 라는, 자음 모음으로 된 한글을 보고 뭐라 말할 수 없이 반가웠다.

51

크로아티아의 국립공원인 플리트비체는 세계적인 영화 '아바타'의 배경이 된 곳이다.
여행이 길어지면 번잡한 도시라든지 건축물이나 동상 등 사람 손이 많이 간 곳을 보는 게 질릴 때가 오는데 그 무렵에 찾게 된 플리트비체는 자연 그대로가 얼마나 훌륭한 작품인지를 보여 주었다.
'줄어드는 호수의 땅'이라고 알려진 플리트비체의 청록의 숲, 그 숲과 어울려 투명한 청록빛으로 비치는 폭포의 물빛.

52

플리트비체를 둘러보는 길은 일곱 가지로 나뉘는데, 어느 길이든 하이킹은 기본이다. 버스를 타고 이동하는 길도 있고 때론 배를 타고 이동해야 할 만큼 넓은 곳도 있다.
화창한 날에 둘러보는 플리트비체가 얼마나 아름다울지 상상이 되지만 아쉽게도 내가 이곳을 찾았을 때는 비가 내리고 있었다. 하지만 나무길 위에서 주르륵주르륵 내리는 비와 함께 한 걸음 한 걸음 내디디며 마주하는 풍경은 그 자체로 운치가 넘쳤다. 영화 속에 내가 있는 듯했다.

53

크로아티아의 열차는 마치 청룡열차 같았다. 꼬불꼬불한 철도를 따라 가파른 절벽과 산세를 누비는데 다른 나라와는 다른 색다른 열차 여행이었기에 잠도 자지 않고 바깥 풍경을 눈에 담았다.

5 4

해가 질 무렵 도착한 스플리트는 반나절이면 돌 수 있을 정도의 작은 휴양지다. 해변 산책로인 리바 거리는 높게 뻗은 야자수 그리고 분위기 있는 음식점과 카페가 즐비했다. 바다가 보이는 리바 거리의 카페에 앉아 커피를 마시며 시간 가는 줄 모르고 사람 구경을 했다.

#55

1유로를 주면 설명을 해 주는 가이드의 말에 따르면 스플리트는 서민 출신에서 로마 황제 자리에까지 오른 한 남자가 사랑한 도시라고 했다. 황제 디오클레티아누스의 영묘가 모셔진 성 돔니우스 대성당이 우뚝 세워진 구시가를 걸을 때는 마치 중세시대에 온 듯한 느낌이 들었다.

5 6

스플리트의 모든 것을 바라볼 수 있는 마르얀 언덕은 뭇 여행자들의 마음을 빼앗아 가기에 충분했다. 스플리트를 향한 나의 느긋한 시선에 공감이 갔는지 말을 걸어 온 미국인이 있었다. 처음 만났지만 이런 저런 이야기를 나누며 저녁을 함께 먹었는데 스플리트에서부터 몬테네그로 코토르까지 이 친구를 몇 번이나 마주치고 또 동행하게 될지 이때는 몰랐다.

5 7

스플리트에서 출발한 버스가 멈춘 곳은 두브로브니크 신도시였는데 시내버스를 타고 10분 정도 가서야 구시가지에 도착했다. 미국인들의 보라카이로 불리는 두브로브니크는 크로아티아 남쪽 끝자락에 자리하고 있는데 입구부터 성벽으로 둘러싸여 있는 도시다. 수많은 사람들이 북적거리는 탓에 정신없었지만 금세 정신을 차리고 성 안으로 들어가 두브로브니크의 아름다움을 맛보기로 했다.

#58

두브로브니크 여행에서 필수 코스라고 불리는 성곽 투어를 위해 입장료를 내고 성벽 위로 올라갔다. 오랜 세월 외세의 침입이 많았던 것을 증명하듯 해안 절벽을 감싸고 있는 성벽은 2킬로미터 정도 되었다. 오르막과 내리막 계단이 많은 성곽을 돌아보는 데는 2시간 이상 걸렸는데 주황 지붕들이 무척 인상적이었다. 여행하며 많은 중세 도시를 다녔지만 두브로브니크만큼 감성이 넘치는 도시는 없었기에 걷는 내내 나는 중세 분위기에 흠뻑 빠져 있었다.

#59

"만약 지상의 낙원을 보고 싶다면 두브로브니크로 와라."
영국의 극작가 버나드 쇼도 나와 같은 마음에서 이런 말을 남긴 것 같다.

60

여행하며 가장 마음에 들었던 카페는 '부자 카페' 이다. 두브로브니크 절벽에 위치한 이곳에서 아름다운 노을을 바라보며 마신 맥주 한 잔은 긴 여행으로 지친 나에게 다시금 들뜬 감정을 만들어 주었다.

찾기 힘든 위치에 있어 아는 사람만 찾아올 수 있다는 부자 카페를 찾기 위해 그리 크지 않은 두브로브니크에서 길을 헤맸지만 그 수고로움이 아무것도 아니게 생각될 정도였다. 혼자 여행하는 동안 자주 외롭다는 생각을 했는데 이 순간만큼은 혼자만의 시간이 나만의 로맨스로 느껴졌다.

6 1

여행 중 내가 존재함을 느꼈던 순간은 높은 언덕에서 시원한 바람이 기분 좋게 나를 감쌀 때였다. 주르륵 흐르던 땀이 식어갈 즈음 스스로 이렇게 질문을 던진다.

"힘들어도 행복하지?"

나는 지금 평화롭습니다.

Croatia Dubrovnik

몬테네그로

하루라도 시간을 내어 들러 보세요

6 2

두브로브니크 스플리트에서부터 함께 동행했던 존 샤크는 190센티미터의 키에 왜소한 체격으로 미국 애리조나 출신의 청년이다. 대학교 졸업 후 여행 중이던 샤크와의 첫 만남은 스플리트에서 서로에게 사진을 찍어 주다가 시작되었는데 현재 우간다의 1000원짜리 숙소에 머물면서 봉사 활동을 하고 있다. 나처럼 여행자의 길로 들어선 그가 항상 건강하게 탈 없이 세계를 누볐으면 하는 바람이다.

6 3

몬테네그로 코토르에 도착했다. 몬테네그로는 생소한 나라지만 의외로 단체 여행하는 한국인이 많아서 그런지 숙소에서 한국어로 된 안내 지도를 구할 수 있었다. 내가 만난 코토르 사람들은 유럽의 다른 도시 사람들에 비해 매우 친절하고 미소가 넘쳐서 나까지 방긋방긋 미소를 지으면서 이야기하게 만들었다. 친절도 닮는다.

#64

한국어로 된 지도를 들고 코토르를 누볐다. 코토르의 올드타운에서는 골목 구석구석 옛 흔적들을 느낄 수 있었는데 그러한 자취를 예술로 승화시키는 한 화가를 마주하게 되었다. 벽 앞에 서서 이젤을 놓고 그림을 그리는 모습이 꽤 멋있어서 사진을 찍으려고 카메라를 들어 올렸는데 순간 놀랐는지 화가는 나를 쳐다보며 멍하게 있더니 어느새 설정 포즈를 취했다. 셔터 소리가 끝나자 엄지손가락을 치켜세우던 그의 센스에 내심 고마웠다.

CRYSTAL SERENITY

코토르 성으로 향하는 길은
안락하지만은 않았다.

6 5

고전적인 느낌이 물씬 나는 코토르를 돌아다니다가 오른 코토르 성은 1시간 정도 땀 흘려 걷고 나서야 꼭대기에 도착할 수 있었다. 성을 둘러싼 고대 성벽은 유네스코 세계문화유산으로 등재되었는데 긴 세월이 흘렀지만 코토르의 산세와 어울려 여전히 위풍당당한 요새였다.

아래를 넓게 내려다볼 수 있는 정상에서 들이마시는 촉촉한 공기는 온몸에 신선한 기운을 불어넣었고, 오랜 세월에 걸맞게 무게감을 갖춘 성곽 도시에서 내려다보는 산자락 아래는 그대로 풍경이 되었다. 이탈리아로 향하는 저 아래 해안의 큼지막한 흰 크루즈는 코토르의 풍경에 낭만을 더했다. 짧았지만 몬테네그로의 코토르를 누빈 시간이 이 풍경에 그대로 녹아들었다.

몬테네그로의 코토르는 한국인에게는 생소한 동네였지만 바로 옆 크로아티아 두브로브니크에서 한 시간이면 올 수 있는 곳이라 누구든지 발칸지역을 여행하는 사람이라면 하루라도 시간을 내어 반드시 다녀가야 할 곳이라는 생각이 들었다.

마케도니아

고난의 길을 거쳐 지금 여기

6 6

기억에 남을 정도로 고난의 길을 거쳐서 온 마케도니아의 스코페. 몬테네그로에서 이곳까지는 우리나라 부산에서 서울 간 거리보다 짧지만 발칸의 지형적 특성상 길이 험해서 13시간 동안 야간버스를 타고서야 도착할 수 있었다. 구식 버스라 멀미까지 나서 더욱 혼이 났던 시간. 여행에서는 아주 좋았던 것도 잊지 못하지만 무척 고생스러웠던 시간도 잊지 못한다.

#67

숙소에 짐을 풀고 돌아다닌 스코페는 동상의 도시라는 이름에 걸맞게 거리마다 수많은 동상이 있었는데 그중 가장 기억에 남는 것은 마케도니아의 왕이자 위대한 정복자였던 알렉산더대왕 동상이다. 그 어느 것보다 중심적인 위치에 세워진 빛나는 왕의 모습이라 가이드북 없이도 쉽게 찾을 수 있었다. 알렉산더대왕에 대한 마케도니아인의 자부심이 얼마나 높은지 공항 이름도 알렉산더이고 고속도로 이름도 알렉산더였다. 주변 동상들의 방향 또한 모두 알렉산더대왕을 향했다.

68

내가 둘러본 마케도니아는 신생국가라 그런지 한창 건설 붐이 일어 100미터 간격으로 공사 현장을 볼 수 있었는데 숙소에 돌아와 인터넷으로 알게 된 정보이다.

마케도니아는 유고슬로비아에서 고대 마케도니아의 역사성을 강조해 독립하게 되었고 역사를 빼앗겼다고 생각하는 그리스와 대립관계가 생겨 외교적 문제가 발생했다.

그뿐만 아니라 크로아티아나 불가리아 같은 주변 국가들로부터 압박을 받고 있던 중 고대 마케도니아의 역사성을 인정받고자 관광업을 활성화하기 위해 수많은 건축가를 포섭해서 스코페를 관광 도시로 꾸미는 중이었다.

기대 이상으로 특이한 건물과 특색 있는 동상들로 아름다웠지만 유럽의 다른 도시와 다르게 인위적으로 예술의 도시를 형성하려는 모습은 컵에 넘치게 물은 부은 듯 오히려 과유불급의 느낌을 주었다.

69

인위적으로 꾸민 듯한 신시가지와 다르게 구시가지인 바자르로 들어서자 자연스러움이 느껴졌다. 꽃을 놓고 파는 가게 등 길거리에 즐비한 노점과 구멍가게, 물건을 기웃거리며 지나가는 사람들을 보는 재미가 좋았다. 여기는 사람 사는 맛이 났다.

다리 하나를 경계로 매우 다른 풍경이 조합된 스코페에서

어쿠스틱 카페의 'Long Long Ago'를 들으며 하루를 보냈다.

불가리아

내 고향 감천마을을 여기서 보다

70

웬만한 다른 나라에서는 수도를 꼭 구경했지만 불가리아에서는 수도 소피아를 경유지로 삼아 플로브디프로 왔다. 여행 중 우연히 보게 된 불가리아의 도시 풍경 사진이 너무도 아름다워 마케도니아에서 단숨에 달려왔다.

71

마케도니아에서 우연히 보고 나의 가슴을 움직였던 플로브디프의 모든 전통 가옥은 돌길과 돌담으로 이루어진 거리에 1층보다 2층이 더 큰 특이한 가옥 구조를 가졌다. 이렇게 특이한 구조로 만들어진 이유는 1층 땅 면적에 대비해 세금을 내기에 2층, 3층으로 올라갈수록 면적을 넓혀 활용도를 높였기 때문이다.
이렇게 편법으로 이루어진 집이 불가리아의 전통 가옥으로 남아 많은 사람에게 사랑받게 되었다고 생각하니 조금은 아이러니하게 느껴졌다.

7 2

동로마제국시대 때 지어진 로마원형극장에서는 선거운동이 한창이었다. 불가리아는 500년간 오스만 제국의 식민 지배를 받은 후 수도까지 옮기며 건실한 국가를 만들려 했지만 이후에는 세르비아의 압박에 정권이 흔들리기도 했다. 그런 과거를 회개하고자 젊은 20~30대층이 많이 모였는데 오랜 세월의 흔적이 느껴지는 로마원형극장에 사람이 모인 걸 보니 과거의 모습이 쉽게 머릿속에 그려졌다. 다른 나라의 선거운동 하는 모습을 볼 수 있는 멋진 기회였다.

7 3

네베 테페 언덕.

해질 무렵

푸른 하늘 한편에 비끼는 노을

그 리 고 지 금 이 순 간 .

7 4

숙소로 돌아가려던 찰나 우연히 함께하게 된 일행이 생겼다. 동양인이 흔치 않은 불가리아이기에 호기심 어린 마음으로 다가와 준 현지인 친구들과 함께 네베 테페 언덕에서 아름다운 추억을 만들었다.
돌담 위에서 기타를 치며 다 함께 노래를 부르던 그들 중 흰 반바지를 입은 친구가 "우리는 이게 인생이야. 일 끝나고 주말이 되면 아무 생각 없이 여기 모여서 우리의 도시를 바라보며 기타를 치고 노래를 부르고 술을 마시며 놀지."라고 말했다.
그렇게 시간을 보내다 자정이 넘고 휴대전화가 꺼진 후에야 숙소로 돌아가려는 내게 너무 늦었다며 데려다 준 그들의 배려에 플로브디프의 밤은 더욱 풍요롭고 아름답게 기억된다. 다음 만남을 기약하며 헤어졌던 그들 중 기타를 치던 얀 체프(Jan Cheff)라는 친구를 다시 만나게 될 거라고는 이때는 예상하지 못했다.

#75

버스를 타고 갈 거라 믿었던 벨리코투르노보행은 작은 밴으로 움직여야 했다. 출발을 기다리는 동안 갑자기 의자가 흔들려서 옆에 앉은 여성이 흔드는 줄 알고 쳐다보니 그 여성도 나를 물끄러미 쳐다보고 있었다. 다시 한 번 의자가 흔들려 주변을 둘러보니 건물들이 흔들리고 있었다. 지진이다!

너무도 급한 마음에 배낭을 메고 사방이 뚫린 정류장으로 튀어 나갔다. 다행히 지진은 금세 멈추었으나 처음으로 느껴 본 지진은 5분 동안 내 심장을 쿵쾅쿵쾅 뛰게 만들었다.

76

언제 또 일어날지 모르는 지진의 두려움을 잊은 채 밴에서 잠이 들어버렸다. 눈을 떠 보니 도착한 곳은 휑한 거리. 정류장도 아니어서 더욱 나를 당황하게 했는데 목적지인 올드타운까지는 거리상 10킬로미터 이상 남아 있었다. 큰마음 먹고 유럽에서 처음으로 택시를 탔는데 창문이 수동식이었다. 유럽의 택시 요금이 걱정되었지만 다행히 한화로 3000원 정도의 돈을 지불하고 편히 갈 수 있었다.

7 7

마케도니아에서 우연히 사진으로 보았던 불가리아의 이색적인 풍경은 바로 집들이 절벽에 다닥다닥 붙어 있는 모습이었는데 나의 고향 부산의 감천문화마을과 닮은꼴이었다.

7 8

조용하고 한적한 시골 느낌이 강했던 구시가지에서 '민박' 이라는 한글을 보았다. 불가리아에서 '민박' 이라니. 무척 반가운 한글이었지만 불가리아에서 보니 꽤 이색적이었다. '불가리아의 아테네' 라고 불리는 벨리코투르노보의 구시가는 군데군데 세월의 흔적이 스며 있어 걷는 내내 행복했다. 마케도니아에서부터 10시간 동안 버스를 타고 4시간 동안 열차를 타고 그리고 4시간 동안 밴을 타고 돌고 돌아 온 보람이 있었다. 이 여행지를 놓치지 않아서 다행이라고 말할 정도였다.

7 9

마을 중앙에 있는 제2 불가리아의 번영을 상징하는 아센 기념비는 졸업사진을 찍기 위한 학생들로 넘쳐났다. 예쁜 드레스와 단정한 정장을 입은 불가리아 젊은이들이 많았는데, 내가 생각하기에 유럽에서 가장 미인이 많은 나라는 불가리아라고 말할 수 있을 정도로 모두 아름다웠다. 이런저런 생각을 하며 기념비 주변을 돌면서 사진을 찍는데 덩치 큰 여러 명의 사내가 나를 주시하는 느낌이 자꾸 들었다. 눈도 몇 번 마주쳤기에 살짝 긴장감이 감돌기도. 괜한 시비로 큰 일이 생기지 않길 바라며 사진만 찍고 후다닥 그들의 시야에서 벗어났다.

80

구시가를 거쳐 20분 정도 걸어서 도착한 차르베츠 요새. 13세기 중세시대에 만들어진 성곽 요새인 이곳에서는 레이져 쇼가 한창이었다.
구경을 하다 우연히 이야기를 나누게 된 이벤트 관계자가 친절히 설명을 해 주었는데 이 요새는 주변의 강과 험한 산악으로 지켜진 최고의 요새였지만 14세기부터 19세기까지 근 500년 동안 오스만 제국의 식민 지배 속에서 살게 되었고 그러한 서러움과 한탄을 풀고 과거 불가리아 제국의 영광을 위해 '재즈 앤드 사운드' 라는 쇼가 만들어졌다고 했다.
절규에 가득 찬 한 여자의 노랫말과 그것을 따라가는 음률과 조화를 이룬 슬픈 성의 모습은 불가리아인들의 한탄을 마음으로 느끼게 했다.

8 1

공연이 끝나고 구시가를 향해 터벅터벅 걷는 내게 갑작스레 어깨동무를 해 오며 사진을 찍는 사람들이 있었다. 깜짝 놀랐다. 바로 아센 기념비에서 나를 쳐다보던 청년들이었는데 세 번이나 우연히 마주친 건 인연이라며 함께 밤을 보내자고 했다. 인상과 다르게 매우 친절한 그들과 저녁을 먹고 클럽에서 '강남 스타일' 춤을 추며 시간을 보냈다. 낮에 나를 쳐다보는 게 무서웠다고 하니 동양인을 거의 본 적이 없어서 신기해서 봤다며 나 몰래 나를 찍은 사진을 보여 주기도 했다.

500년간이나 식민 지배를 받은 데 대해 울분을 토한 그들은 10대가 되면 군대로 끌려가 군 생활을 하고 후에 고향으로 돌아오면 식량을 위해 부모를 죽이게 했던 오스만 제국의 식민 문화를 말해 주었다. 일제강점기 때의 우리나라가 떠오르며 동질감을 느낀 순간이었다. 우리는 한참을 식민 지배의 부당함과 삶에 대한 인간의 불평등적인 자유에 대해 이야기를 나누었다.

8 2

친구들은 말했다. "너나 다른 여행자들은 절벽에 늘어선 오래된 가옥들을 보며 아름답다고 하지만 저기에 사는 내 친구는 전기도 잘 안 들어오고 물도 잘 안 나와서 힘들게 살아. 네가 생각하는 것만큼 저 동네에 사는 사람들은 편안하게 살고 있지 않아."

여행이란 우리가 사는 장소를 바꾸어 주는 것이 아니라
우리의 생각과 편견을 바꾸어 주는 것이다.

아나톨_ 프랑스 작가

그리스

푸른 하늘, 바다, 그리고

8 3

금융 위기로 국제선 열차 운행을 중단한 탓에 그리스로 가는 유일한 이동 수단은 버스였다. 10시간가량 버스를 타고 도착한 테살로니키는 그리스 제2의 도시라고 불릴 만큼 큰 항구 도시였다.
그리스의 부산으로 볼 수 있을 만큼 넓은 바다와 마주한 테살로니키는 마케도니아의 왕 카산도로스가 부인의 이름을 따서 도시명을 지었는데 이후 그의 조카 알렉산더 대왕이 이곳을 중심지로 해서 위대한 왕이 되었다.

84

역사가 깊은 테살로니키는 그만큼 관광 요소가 많은 도시다. 화이트 타워, 갈레리우스 개선문, 로톤다 등 유적이 꽤 많았는데 잘 보존된 곳이 있는가 하면 폐허처럼 내버려진 곳도 더러 있어 현대와 고대 문명의 조합이 신기하게 다가왔다. 도시와 어울리지 않는다고 느껴질 수도 있겠지만 지나칠 때마다 보게 되는 자신들의 역사에 자부심을 가지는 원동력이 될 수도 있겠다는 생각이 들었다.

8 5

그리스에서 두 번째로 큰 도시라는 것을 알고 왔지만 관광 도시가 아니라 그런지 동양인을 찾아볼 수 없었다. 금융 위기 이후 급격히 나빠진 치안 상태 또한 여행자인 나에게 우려감을 주기 충분했는데 그런 상황에서 나의 긴장감을 풀어 주는 에피소드가 있었다.

길을 찾다가 한 아주머니에게 길을 물었는데 딸이 K-팝 팬이라며 반갑게 내가 가려는 목적지까지 데려다주셨다. 그러고는 갑자기 딸에게 전화를 걸어서 '굿 바이(Good bye)'를 한국말로 뭐라 하는지 묻더니 어눌하게 나에게 '안녕하세요.'라고 웃으며 인사하고 가셨다. 아주머니의 그 친절함에 그리스에 대한 긴장감이 많이 풀어졌다.

86

삐죽삐죽 자란 풀들 사이로 보이는 비잔틴 양식의 성벽들은 나를 고대 마케도니아 시대로 옮겨 주었다. 해가 떨어지기 전 부슬부슬 내리고 멈추기를 반복하는 비를 맞으며 피르고르 전망대에 앉아 음악을 들으며 테살로니키의 야경을 감상했다.

돌아가는 길 어디선가 "태권! 태권!" 하는 소리가 들렸다. 그 소리에 이끌려 올라간 건물 2층에는 태권도 도장이 있었는데 우리 전통 무술이 세계로 펼쳐져 나가는 모습에 '삼성' 이나 '현대자동차' 를 보는 것과는 또 다른 자부심에 괜히 내 마음이 뿌듯해졌다.

여행을 하는 것과

책을 읽는 것의 공통점은

무언가를 끊임없이 배우고 느낀다는 것에서 시작된다.

8 7

아테네라는 도시는 고대 그리스의 도시국가 중 가장 영향력 있고 문화적으로 크게 발전한 나라였다. '태양' 이나 '달' 과 같이 자연에 큰 가치를 부여하고 살았던 동방의 문화와 다르게 그리스 사람들의 사고방식은 '모든 것의 중심은 인간' 이었다. 그로 인해 탄생하게 된 '민주주의' 는 훗날 서양의 문화에 큰 영향을 미쳤는데 과거 아테네가 도시국가로서 큰 영향력을 미치던 시절 그들은 세금을 거두어 나라를 운영하는 최초의 국가였다. 그 덕분에 예술과 건축 그리고 문화가 한층 더 발전할 수 있었다.

88

하지만 과도한 인간 중심의 정책으로 전쟁 중이던 국가의 경제상황은 고려하지 않은 채 높은 임금의 인력을 고용하고 무리한 공공시설 공사로 패망의 길을 걷게 되었다. 결국 모든 문화의 중심지였던 아테네는 그리스의 하나의 도시로 전락하게 되었다.
나의 생각은 현재 그리스의 상황 또한 비슷한 흐름이라 생각한다. 이유는 경제에 맞지 않는 과도한 복지와 정책들이 국가 경제를 더욱 악화시켜 금융 위기가 왔기 때문인데 제우스 신전을 보며 역사는 돌고 돈다는 생각이 들었다.

8 9

고대 그리스의 도시국가들은 도시 중심지에 있는 높은 언덕을 '폴리스' 라고 칭했는데 아테네의 폴리스는 '높은' 이란 의미의 '아크로' 를 붙여 '아크로폴리스' 라고 불렀다. 당시 도시국가들은 다른 국가와의 전쟁에서 방어를 위해 수비에 지형적 선점을 가질 수 있는 지점을 선호하였고 그것이 지금의 폴리스들이 높은 지형을 가진 이유가 되었다.
비록 과거의 침략에 의해 많은 부분이 파괴되었지만 거리 곳곳마다 이렇게 유적지가 많고 또 이를 그대로 보존하려는 도시는 처음 봤다.

9 0

아테네의 수호신인 지혜의 신 아테나에게 바친 파르테논 신전은 기원전 건축물이라기에는 매우 섬세한 표현력을 가졌는데 세월이 흐르면서 교회, 무기 창고 등으로 사용되며 많은 부분이 훼손되었다.
그런 안타까운 부분을 위해 유네스코가 첫 번째 문화재로 등재해서 보호하기 시작했고, 유네스코의 상징적 마크로 사용되고 있다.
여행을 하며 많은 유네스코 세계문화유산을 보았지만 유네스코 문화재 유산 제1호를 본다는 것은 나에게 특별한 추억이 되었다.

9 1 필로파포스 언덕에서 내려다본 아크로폴리스와 아테네.
스케치북의 '해가 지는 곳으로' 가 귓속을 간지럽힌다.

옛것이 곧 지금의 것이다.

\# 9 2

그리스의 역사를 눈에 담으며 걸어 다녔던 사흘의 마지막으로 밤거리를 걸었다. 도시 틈새마다 존재했던 옛 흔적들은 사람들의 눈길을 사로잡기에 충분했다. 아테네를 알기에 너무나 짧은 시간, 다시 오리라 다짐했던 그 밤.

#93

산토리니 섬. 이곳에 오기 위해 그리스의 다른 도시 두 곳을 포기했는데 후회하지 않을 만큼 아름다웠다. 하얀 집들과 어우러진 푸른 하늘과 바다는 그 어떤 풍경보다도 평화로워서 시간이 느리게 흐르는 것 같았다. 따사로운 햇살은 참으로 포근했다.

#94

섬에 도착하자마자 오토바이를 렌트하러 가니 직원이 국제면허증이 아니더라도 일반면허증으로도 렌터가 가능하다고 했는데 국제면허증이든 일반면허증이든 배낭여행을 하면서 면허증을 가지고 다니는 사람은 드물다. 당연히 나도 면허증을 가지고 있지 않았다.
순간 나는 반짝 하는 재치로 주민등록증을 꺼내어 건네었다. 서류를 작성하는 동안 표정을 유지하느라 애썼는데 지금 생각해도 웃음이 나온다. 불법이라면 불법이지만 순간의 재치로 어렵게 빌린 4륜 오토바이를 타고 섬 곳곳을 누비며 산토리니의 아름다움을 열심히 카메라에 담았다.

#95

산토리니에는 독특한 해변이 많은데 그중 내가 찾은 곳은 레드 비치라는 곳이었다. 맑고 깨끗한 바닷물과 어우러진 절벽의 붉은빛은 매우 이색적이었는데, 화산활동 중 흘러내린 용암이 바다와 만나 굳어져 붉은색의 바위가 되고 시간이 흘러 바위들이 파도에 의해 깎이고 깎여 만들어진 게 레드 비치였다. 저 높은 절벽이 파도에 의해 깎인 것이라 생각해 보라. 자연의 힘은 얼마나 대단한가!

9 6

이곳에는 또 하나의 명물이 존재하는데 바로 당나귀였다. 과거 운반 시설이나 교통 시설이 없던 시절 항구를 통해 들어온 물자를 구불구불한 588개의 계단을 통해 당나귀가 운반했고, 걷기 힘든 여행객을 위해서는 교통 수단이 되어 주었다.

9 7

매일매일이 아름다운 산토리니.

그리고 석양이 아름다운 곳.

98

포카리 스웨트 CF 촬영지로 유명한 산토리니 섬. 하얀 집들과 어울린 푸른 하늘과 바다는 그 어떤 풍경보다도 평화로워서 말로는 표현을 다하지 못할 정도였다. 인생에서 자기만의 화보를 찍기에 산토리니만큼 아름다운 곳이 없다고 생각한다.

핀란드

돌이켜서 봐야 하는 시간들

#99

'Travel' 의 어원은 고난, 고통을 의미하는 'Travail'.

떠나기를 망설인다면 고난을 이겨낼 수 있는 '용기' 가 필요하다.

1 0 0

찬바람이 씽씽 불던 헬싱키의 구석구석. 평화롭고 조용한 것이 굉장히 익숙한 환경으로 다가왔다. 마치 7년간 유학 생활을 한 캐나다의 거리를 걷는 듯했다.

#101

수십 년 전만 해도 전쟁으로 인한 엄청난 배상금을 갚기도 힘들었던 핀란드는 세계의 산업화 속에서 교육만이 답이라는 것을 깨닫고 교육제도에 대해 대대적인 개혁을 펼친다. 핵심 목표는 아이들의 성적을 등수로 나누기보다는 스스로 본인의 재능과 특징과 개성을 파악하여 진로 계획을 잡도록 하는 것이었다. 틀을 형성하고 그 틀 안에서 조금만 달라도 틀렸다고 하는 우리나라의 교육 방식과는 다르게, 폭넓은 사고방식으로 모든 분야에 다가갈 수 있는 기회를 형성하는 교육 방식은 우리나라 교육계가 배워야 할 부분이라는 생각이 강하게 들었다.

#102

공항에 도착해서 숙소를 찾아간 오후 3시 30분 이후 너무나도 빨리 저물어 버린 해를 뒤로한 채 머리 위에 뜬 달을 보며 걷고 걷다 보니 밤 10시가 다 되었다.
걷는 내내 이어폰을 양쪽 귀에 꽂고 걸어도 아무 일이 없을 것 같다는 확신이 들 정도로 치안이 좋아 보였던 헬싱키의 밤을 마지막으로 아름답게 꾸며 준 곳은 헬싱키 대성당이었다. 헬싱키 중심부에 있는 대성당은 핀란드 전체에서도 명소였는데 다른 나라의 클래식한 성당과는 다르게 모던한 느낌을 주었다.

#103

핀란드 현지인 친구들. 핀란드 하면 '노키아'와 '자일리톨' 밖에 몰랐던 나에게 앵그리 버드 또한 핀란드 것이라는 것을 가르쳐 주었다. 우리나라에서 영어를 의무 교육으로 배우듯이 핀란드에서는 스웨덴어를 의무적으로 배워야 한다고 말한 그들은, 스웨덴은 핀란드어를 배우지 않는다면서 과거 스웨덴의 식민지였던 탓이라 그렇다며 울분을 토했다. 실제 그들의 역사를 보면 러시아와 스웨덴의 식민 지배를 지속적으로 받았는데 현재 핀란드에서 푸틴의 존재는 우리나라에 김정은과 같은 존재인 것 같았다. 침략에 대한 걱정을 하기도 했다. 그렇게 남북 관계에 대한 이야기로 흘러가다가 한 가지 사실을 알게 되었는데 핀란드 남성은 18세 이상이 되면 최소 6개월간 군 복무를 해야 한다고 했다. 그런 말을 하던 라우라라는 친구는 자기는 6개월간 땅만 파다가 왔는데 도대체 왜 갔는지 지금도 모르겠다며 털털 웃었다.

#104

세계에서 손가락으로 꼽을 정도의 복지 국가인 핀란드는 교육 · 문화적인 측면에서 매우 발달해 있고 또 사회보장제도도 잘되어 있다. 하지만 1990년대에는 세계 최고의 자살률을 기록하던 나라였는데 낮은 인구밀도로 사람과의 교류가 낮고 겨울이 길고 밤이 긴 만큼 어둠이 만든 음울한 자연환경이 이유이지 않을까 싶었다.

그런 오명을 씻기 위해 핀란드는 세계 최초로 자살 예방 프로젝트를 시작하게 되고 전문가를 통해 상담과 약물 치료 받는 방법을 제공했다. 거기다 핀란드 언론에서는 기사를 쓸 때 자살충동을 일으키거나 사회적 파장을 줄 수 있는 자살 관련 기사를 자제할 뿐더러 '자살'이란 단어 자체를 사용하지 않는다고 했다.

자극적인 타이틀만을 고집하는 우리나라 언론과 달리 사회적인 문제를 정부와 함께 해결하려는 모습은 우리가 배워야 할 점이 아닐까.

에스토니아

'탓'인지 '덕분'인지 여러 문화가 공존한

#105

유럽에서 아주 잘 보존된 중세도시 중 하나라는 에스토니아 수도 탈린.
늦은 밤 도착한 나의 숙소는 정말 기억에 남을 만했는데, 110년도 넘은 동화 같은 집이었다. 친절한 집주인은 에스토니아에 온 것을 환영한다며 와인을 한 병 선물로 주었는데 달달한 와인처럼 달달한 에스토니아를 맛볼 생각을 하며 잠을 청할 수 있었다.

#106

동네 자체가 유네스코 세계문화유산으로 등록이 되어 있는 구시가로 발걸음을 옮겼다. 꽤 높은 고지대를 걷다가 우연히 도착한 전망대에서 새들과 어우러진 도시 풍경을 찍기 위해 수십 번 셔터를 누른 건 지금 생각해 보면 우습다.
내 큰 덩치로 자그마한 새들을 향해 카메라를 들이대는데 자꾸 움직이는 새들을 따라 쪼그려 앉아서 왔다 갔다 옮겨 다닌 그 열정, 에스토니아의 추억이 또 하나 생겼다.

1 0 7

탈린의 동화 같은 구시가지의 돌길을 걸어 다녔다. 1219년 덴마크의 왕 발데마르가 세운 '탈린'은 '덴마크인의 도시'라는 의미를 지닌 채 세상에 알려지게 된다. 그 후 약소국으로 오랜 시간 덴마크를 비롯해 스웨덴, 폴란드, 러시아의 지배를 받았던 탈린에서는 여러 문화의 흔적을 볼 수 있었다.

#108

모스크바에서 흔히 볼 수 있는 러시아식 건축물과 뾰족한 첨탑을 가진 현대에 유일하게 존재하는 북유럽 스타일 고딕양식의 건축물. 오랜 세월 여러 국가의 지배 아래 살았던 '탓' 인지 '덕분' 인지 탈린은 여러 문화가 공존한 도시로서 매년 수십만 명의 관광객을 사로잡는 매력적인 도시가 되어 있었다.

1 0 9

호스텔로 돌아가는 길,

프리지아의 '눈 덮인 마을'을 들었다.

#110

타르투. 버스터미널에 내려 숙소를 찾는 길에 보이는 풍경들은 에스토니아 제2의 도시라고 하기엔 좀 평범한, 평화로운 시골의 허름함이 느껴졌다.

#111

에스토니아의 모든 도시들은 서로 간 이동 시간이 30분 이상이 안 걸릴 만큼 작은 도시이기에 개발도상국인 줄로만 알았다. 하지만 뜻밖에도 유럽뿐만 아니라 세계에서 IT 강대국 중 하나였다.

#112

어떤 자동차도, 어떤 명품도 영원한 행복을
줄 수 없다. 하지만 여행은 영원한 추억과
영원한 행복을 선물해 준다.

라트비아

여러 겹의 옷과 마스크, 그리고 두꺼운 장갑

#113

라트비아의 수도 리가에 예약해 둔 숙소를 찾는 내내 뭔가 삭막한 분위기에 눌려 괜한 걱정이 들었다. 동양인을 흔하게 볼 수 없는 그들이었기에 동양인으로서 나를 쳐다보는 시선을 한껏 받았다. 개인적으로 화려한 서유럽의 품위 있는 거리보다 인간적이었던 리가의 거리가 기억에 많이 남는다.

114

여러 겹의 옷을 껴입고 마스크를 쓰고 그리고 두꺼운 손장갑을 끼고 출발한 리가 여행은 구시가지에서 시작되었다. 숙소가 있던 외곽보다 훨씬 깔끔하고 안전해 보였던 리가의 중심지는 추운 날씨 때문인지 거리에서 사람들을 별로 볼 수 없었다. 루바토의 '터벅터벅 걷다가'를 들으며 걷던 리가 거리는 칼 같은 바람이 나의 등짝을 때리며 걸음을 재촉했다.

#115

러시아인 관광객처럼 보이는 아주머니 두 분이 귀여운 동상을 배경으로 해맑게 사진을 찍고 있었다. 마음만큼은 소녀 같다는 생각. 문득 한국에 혼자 계시는 엄마가 그리워졌다.

116

리가의 최고 관광명소인 검은머리 전당은 중세시대 한자동맹의 중심지로 많은 상인과 뱃사람들이 지나간 흔적의 상징이자 한때 지속적인 발전으로 찬란했던 과거를 증명하는 작지만 화려한 건축물이다.
한자동맹은 중세 중기 독일 북부 연안과 발트해 연안의 여러 도시 사이에 이루어진 도시 연맹으로서 해상 교통의 안전 보장, 공동 방호, 상권 확장 등을 목적으로 하였다.

#117

옛 소련의 라스베이거스로 불릴 정도인 유흥의 도시 리가에서 찾은 카지노에 한 손에 50유로를 꼭 쥐고 설레는 마음으로 들어갔다. 하지만 기쁨도 잠시, 복장 불량이라는 말과 함께 출입을 거부당했다. 캐주얼 정장이나 정장만 출입이 허락된다고 하였는데 그들만의 품위를 지키고 싶었던 것일까. 나는 유흥에 품위가 어디 있는 것인지 궁금했지만 그러려니 하고 숙소로 아쉬운 발걸음을 돌렸다.

리투아니아

아름다운 '발트의 길'

#118

발트 3국 가운데 가장 많은 인구가 살고 있는 리투아니아의 제3 도시 샤울레이에 도착했을 때는 어두운 밤이었다. 도시라고는 하지만 작은 시골 마을이라고 할 만큼 소박한 동네에서 그네를 발견하고는 어린아이처럼 달려갔다.

119

샤울레이는 외곽에 있었다. 리투아니아의 평화와 독립을 상징하는 십자가 언덕이 도시 주변에 자리 잡고 있기 때문이다. 샤울레이 버스터미널에서 시내버스를 30분가량 타고 가다가 내린 곳은 정말 허허벌판의 촌동네였다. 버스 표지판 하나 달랑 있는 이곳에서 어디로 가야 십자가 언덕을 찾을 수 있을지 순간 당황했다.

버스에서 내려 왔던 방향으로 조금 내려가니 작은 도로와 마주하게 되었다. 20분 남짓 도로 위에 쌓인 눈을 뽀드득뽀드득 밟으며 추억보관소의 '시간 여행'을 들었다.

#120

러시아 지배하에서 1831년부터 리투아니아인들은 불복종 의지를 십자가를 세우는 것으로 표현했다. 옛 소련 소속국이 된 후에는 수차례 독립운동에 참가한 사람들의 희생을 기리기 위해 더욱 많은 십자가를 세우고 그 결과 리투아니아인들은 끈끈한 결합력을 가지게 되었다고 한다.
그런 모습을 탐탁지 않아 했던 러시아는 여러 차례 십자가 언덕을 밀어 버렸지만 어느새 또 세워진 십자가 언덕 덕분에 러시아의 폐쇄 계획은 실패로 돌아갔다. 독립 후에는 수십만 개의 십자가가 있는 언덕으로 관광지가 되어 교황까지 찾아오는 명소가 되고 또 성지 순례자들에게 사랑받는 자리가 되었지만 당시의 엄숙함은 여전히 존재했다. 비수기인 덕분에 관광객의 소란스러움이 없어 더욱 엄숙하게 느껴졌고 고유의 느낌이 더 와 닿았다.

여행하면서 느낀 점은 우리나라처럼 식민지 역사를 지닌 나라가 많다는 것이다. 평화는 약자가 아니라 강자가 추구해야 하는 게 아닐까. 약자가 추구하는 게 아닌 강자가 추구하는 평화로운 세상이 언젠가는 올 수 있을까.

#121

수도 빌뉴스 또한 5만여 명밖에 살지 않는 아주 규모가 작은 도시였다. 수도라기보다는 소도시를 여행한다는 기분. 변덕이 제일 심한 날씨를 경험했던 빌뉴스는 거의 1시간마다 눈이 왔다 맑아졌다를 반복했다. 알록달록하면서도 귀신이 나올 것같이 허름한 빌뉴스의 거리 중 예쁜 모습을 카메라에 담아 보려고 애썼다.

1 2 2

처음부터 빌뉴스가 리투아니아의 수도는 아니었다. 게디미나스라는 역사상 추앙받는 대공작이 어느 날 꿈을 꾸게 되는데 철갑을 두른 한 마리의 늑대가 나오는 꿈이었다. 수도를 옮기라는 예지몽으로 생각한 그는 트라카이라는 도시에서 빌뉴스로 모든 것을 옮기게 된다. 그러한 그의 선택이 옳았던 덕분인지 빌뉴스는 동유럽 문화의 중심지 중 하나가 되고 그런 게디미나스를 위해 도시 중앙에 있는 대성당 광장에 동상을 세우게 된다. 그의 동상 아래에서는 한 마리의 늑대가 하늘을 쳐다보며 울고 있는 모습을 볼 수 있다.

#123

갑자기 휘몰아치는 눈바람에 얼굴이 따가울 정도였다. 느긋하게 바라볼 수 없어 곧 전망대에서 내려왔지만 빌뉴스를 밝게 비추던 불빛은 따뜻하게 보였다.

#124

겨울이라 그런지 오후 6시가 지나자 어두컴컴한 밤하늘이 되었다. 구시가를 걷는데 동양인이라고 관심을 가지고 어느 나라 사람이냐고 말을 걸어온 청년이 있었다. 그 친구는 리투아니아는 정말 좋은 나라지만 한 달에 평균 300~400유로밖에 벌지 못해 젊은 사람들이 영국이나 프랑스같이 월수입이 높은 곳으로 떠나서 나라가 늙어 가고 있다고 안타까워했다. 그런 얘기를 들으면서 고령화시대로 접어든 우리나라의 청년들 또한 사라진 일자리나 높아진 세금을 견디지 못하고 타국으로 떠나게 될지 모른다는 생각이 들어서 남의 일 같지만은 않았다.

1 2 5

발트 3국인 에스토니아, 라트비아, 리투아니아는 역사적으로나 문화적으로 하나로 통일할 수 있는 고리가 없다. 옛 소련의 일부였다는 사실이 그들의 유일한 연결고리. 1989년에는 소련의 침략과 실패 가능성을 감안한 프로젝트를 실시하는데 3개 나라, 에스토니아의 탈린, 라트비아의 리가, 리투아니아의 빌뉴스를 이어 인간 띠를 만드는 것이었다.

결과적으로 600킬로미터 거리에 200만 명의 사람이 서로서로 손을 잡고 독립을 외치는 감동적인 사건이 성공하게 된다. 피 한 방울 흘리지 않고 1991년 3국 독립을 이끈 인간 띠는 일명 '발트의 길'로 남는데 아름다운 도시나 자연이나 건물이 아닌 세계 역사상 처음으로 비폭력주의적 독립운동을 실행한 그들 자체가 역사의 주인공으로 인정되어 유네스코 세계기록유산으로 등재된다.

폴란드

다시 돌아가야 할
이유를 남기다

#126

바르샤바로 오는 길은 지금도 눈에 선할 정도다. 리투아니아에서 넘어오는 데 버스로 대략 12시간 정도 걸렸는데 엄청나게 발냄새가 심한 아주머니가 옆에 타서 너무 고통스러웠던 기억. 아주머니는 본인도 냄새를 느꼈는지 발에 향수를 수차례 뿌리셨는데 정말 머리가 아플 정도였다. 폴란드에 도착하여 들이켠 공기는 내게 새 생명을 불어넣는 듯했다.

#127

폴란드 하면 2002년 한일월드컵 때 우리나라와 첫 경기를 한 나라라는 것밖에 몰랐다. 그렇게 도착한 폴란드의 첫인상은 발트 3국과는 다르게 동유럽이라는 편견을 버릴 수 있을 만큼 깔끔했다. 트램이나 건축물 모두 당황스러울 정도로 깨끗하고 현대적인 분위기였다.
독일, 체코, 슬로바키아, 러시아, 리투아니아, 벨라루스, 우크라이나 등 많은 나라와 국경을 접하고 있는 폴란드 여행은 바르샤바에서 시작되었다.

1 2 8

바르샤바는 제2차 세계대전 때 나치군에 의해 도시 전체가 파괴되고 절반 이상의 시민이 목숨을 잃었다. 훗날 도시의 도면과 역사 기록을 토대로 기본적인 건물 색부터 형태까지 재건축하여 과거의 모습을 되찾고 현재 많은 관광객의 발걸음을 유도하는 아름다운 구시가지로 재탄생하게 되었다.

1 2 9

건물의 흠집마저도 섬세하게 복원된 바르샤바의 구시가지는 '그림과 기억을 바탕으로 복원된 인공적인 과거의 모습'이기에 마케도니아의 스코페와 마찬가지로 인공 도시이다. 그렇지만 두 도시에는 차이가 있다. 스코페가 관광산업과 역사 강탈을 시도한 정부의 인공적인 재건축이라면 바르샤바는 전 국민이 처참했던 과거의 수치를 복구하기 위해 열정과 의지를 불태워 만든 인공적인 재건축이라는 사실이다.

실제로 시민들의 그러한 행위를 아름답게 생각한 유네스코에서는
세계문화유산으로 등재할 정도로 그들의 집념에 박수를 보냈다.

#130

여행 중에는 동상을 마주할 기회가 많다. 하지만 그가 누군지, 무엇을 했는지 배경 지식이 없는 나에게 동상은 관심 대상이 아니었다.

바르샤바에서 사진을 한 장 찍었는데 사진 속 동상의 인물은 코페르니쿠스이다. 폴란드의 천문학자이자 수학자인 그의 이론을 기점으로 역사상 큰 사상적 변화가 일어나는데 그는 '우주의 중심은 태양이고 지구를 포함한 모든 천체는 태양의 주변을 회전한다.' 라고 했다. '지구가 우주의 중심' 이라는 천동설이 약 1400년 동안 유지된 천문 지식이었기에 그의 주장은 놀라울 수밖에 없었는데 그의 업적 덕분에 인류의 지식이 한층 더 발전하지 않았을까.

131

추억보관소의 '시간을 되돌리다'를 들으면서 묘하게 노래 분위기와 바르샤바가 어울린다는 생각을 하였다.

#132

바르샤바 중앙역 바로 근처에 위치한 문화과학궁전. 폴란드의 랜드마크이자 '죽기 전에 꼭 봐야 할 세계 건축물' 가운데 하나이다. 현대식이면서도 고전미가 살아 있어 고풍스러운 분위기를 내뿜었는데 낮에는 칙칙한 연갈색의 건물이지만 밤이 되면 조명 덕분에 이색적인 모습을 보여 한참을 길에 서서 물끄러미 쳐다보았다.

하지만 폴란드에서 가장 웅장한 이 건물이 실제로는 폴란드인들에게 사랑을 받지 못한다고. 문화과학궁전은 옛 소련 지배 시절에 지어진 건축물이라 소련의 잔재로 여겨졌다. 웨딩케이크 모양에다 고딕풍 장식이 완벽한 스탈린 양식의 건축물이었기에 폴란드인들에게는 좋지 않은 과거를 회상하는 매개체가 되어 버렸다.

1 3 3

500년간 폴란드 경제 · 문화의 중심지였던 크라쿠프. 핀란드에서 이야기를 나눈 친구들 중 한 명의 부모님이 크라쿠프 출신이셨는데 그의 크라쿠프에 대한 사랑은 매우 컸다. 실제로 폴란드 사람들의 크라쿠프 사랑이 대단하다는 정보를 숙소에서도 확인할 수 있었는데 그런 까닭에 더욱 기대하고 거리로 나섰다.

1 3 4

유럽에서 '노숙하기 좋은 공원 베스트 10' 가운데 한 곳. 폴란드 크라쿠프에 위치한 플랜티 공원이다. 낡은 벤치에 앉아 한국에서 가지고 온 책을 3시간가량 읽었다. 조용하고 아늑한 공원에 앉아 책을 읽는 로망을 여기서 실현하다니 "정말 좋다".

#135

다양한 양식이 혼합된 바벨성은 폴란드의 왕실 사람들이 거주하던 성이었다. 하지만 수도가 바르샤바로 이전된 후 방치된 바벨성은 자치권을 상실하고부터는 오스트리아나 독일 같은 타국에 의해 군사기지로 활용되기도 했는데 독일 총독이 거주했던 곳이라 그런지 다른 도시들처럼 파괴되지 않고 보존되어 있었다.

나는 지금 크라쿠프의 바벨성에 서 있다.

136

은은하게 번진 노을과 잘 어울리는 구름, 그 아래 잔잔한 비스와 강과 평온하게 떠 있는 한 점 열기구가 지금 여기 머물러 있는 나를 행복하게 했다.

#137

정중앙에 분수가 위치한 크라쿠프 광장은 삶을 즐기는 사람들로 가득했다. 버스킹을 하는 거리의 악사들이 자신들의 음악을 뽐내고 있고 그 음악을 즐기며 여유를 누리는 사람들….

성모 마리아 성당 아래에서 로커의 상징인 긴 생머리를 한 청년이 고개를 숙인 채 내리치는 기타 소리에 흥에 겨워 춤을 추는 할아버지를 보고 있는데 어디선가 나팔 소리가 들려 왔다. 악사들의 음률을 깨뜨린 웅장한 나팔 소리가 울려 퍼진 곳은 바로 성모 마리아 성당 탑이었는데 중간에 잠시 나팔 소리가 끊겼다. 나는 '나팔에 무슨 문제가 생겼나.' 단순하게 생각하고 그 자리를 떠났다.

그리고 숙소에 돌아와서 알게 되었다. 그 나팔 소리는 1241년 칭기즈칸의 손자가 이끌던 타타르인의 습격을 알리기 위한 나팔 소리였음을, 중간에 소리가 끊긴 것은 습격을 알리기 위해 나팔을 불던 나팔수의 죽음을 기리기 위함이라는 것을.

이러한 행위가 1320년부터 지금까지 이어지고 있다고 하니 폴란드인들이 얼마만큼 민족성을 지키고자 애쓰는지 분명하게 알 수 있었다.

나는 어디론가 가기 위해서가 아니라
떠나기 위해 여행한다.
나는 여행 그 자체를 목적으로 여행한다.
가장 큰 일은 움직이는 것이다.

로버트 루이스 스티븐슨_ 영국 작가

138

슬로바키아로 향하는 버스를 탔을 때 펼쳐진 하늘은 내 감정과 같이 맑지도 흐리지도 않았다. 게으름을 피우다가 세계적으로 유명한 비엘리치카 소금 광산을 가지 못했기 때문. 그 아쉬움이 우중충한 날씨와 뒤섞여 스스로에 대해 짜증이 났다. 하지만 이곳에 다시 와야 하는 핑계 아닌 핑계를 만들어 준 크라쿠프. "I' ll be back."

슬로바키아

내가 찾던 동유럽의 골목

#139

사회주의 연방 공화국 체코슬로바키아로 세계 무대에서 활동하다가 1993년 1월 1일 독립 후 체코와 완벽하게 분리되었다. 슬로바키아는 체코의 프라하와 헝가리의 부다페스트처럼 많은 사랑을 받은 동유럽의 다른 도시들과는 다르게 진정한 동유럽의 깊은 맛을 보여 줄 수 있는 나라였다. 오스트리아 빈에서 1시간밖에 걸리지 않는 슬로바키아의 수도 브라티슬라바의 향기에 빠져 촘촘히 길을 걸었다. 16세기경 헝가리의 수도이기도 했던 브라티슬라바의 구시가지는 과거에 이 도시가 얼마나 번영했는지 알 수 있게 해 주었다.

#140

구시가에는 독특한 아이디어로 탄생한 동상들이 있었는데 골목 구석구석 자기만의 매력이 있는 동상을 찾아보는 일은 이 도시를 구경하는 데 새로운 재미가 되었다. 그중에서 특히 이색적인 것은 맨홀에서 고개만 내밀어 지나가는 사람을 능글맞은 미소로 쳐다보는 맨홀 동상 '추밀' 이었다. 처음 멀리서 봤을 때 동상이 아니라 행위예술가인 줄로 착각할 만큼 사실적이었다.

#141

다른 도시들처럼 시끌벅적한 단체 관광객의 모습을 전혀 볼 수 없었던 브라티슬라바의 구시가지에서 진정한 동유럽의 향기를 맡았다. 조금도 인조적이지 않은 돌길과 흠집이 난 건물들 사이에 형성된 자그마한 골목은 내가 찾던 동유럽의 골목길이었다. 배낭 하나 달랑 메고 다닌 동유럽 여행에서 브라티슬라바는 꼭 가 봐야 할 곳이라고 지금도 생각한다.

브라티슬라바의 아름다운 구시가.

1 4 2

슬로바키아의 거리에서 아시아 음식점을 보았다. 서유럽에서 10~20유로 하는 음식들을 여기서는 2~4유로면 충분히 맛있게 먹을 수 있었는데 그 덕분에 오랜만에 맛본 볶음밥으로 든든하게 배를 채웠다.

1 4 3

반나절이면 다 둘러볼 정도로 소소하고 작은 도시인 이곳에서 마지막으로 둘러본 것은 브라티슬라바 성이었다. 오랜 세월 헝가리의 지배 아래에서 요새 역할을 하고, 체코슬로바키아 시절에는 체코에 밀려 개발이 뒷전이었지만 그때도 대통령의 거처이자 국회의사당 역할을 할 정도로 시대마다 중요한 거점으로 활용되었다.

체코

풍경 그 자체가 그림

#144

프라하에 이어 체코 제2의 도시라는 정보만 가지고 도착했다. 브르노. 중앙역 앞에 여러 줄로 놓인 트램 라인과 버스를 기다리는 붐비는 사람들을 품은 정류장을 바라보며 내심 기대하면서 출발한 여행이었다.

#145

13세기에 지어진 브르노의 슈필베르크 성은 혼자 우뚝 솟은 언덕에 자리해 브르노의 랜드마크임을 한눈에 알 수 있었다. 오랜 역사를 지닌 이 성은 중세시대에는 혁명가와 같은 정치범들을 수용하는 감옥이 되고 세계대전 때는 나치의 수용소가 되기도 하는 등 일반적인 성의 역할과는 전혀 다른 용도로 사용되었다. 내게는 성이 꼭 전쟁을 위한 방어처나 왕족의 거처라는 고정관념에서 벗어나 감옥 등 다른 용도로 이용될 수도 있다는 것을 생각하게 하는 계기가 되었다.

슈필베르크 성에 올랐다. 상업과 공업이 발달한 도시답게 공장과 현대식 건물이 즐비한 풍경을 볼 수 있었는데 중세시대의 모습을 잘 간직한 프라하와는 사뭇 달랐다. 체코 제2의 도시라 해서 많은 기대를 하고 왔는데 딱히 볼 만한 것 없이 걷기만 많이 한 곳이 되었다.

146

골목길을 누비다 우연히 들어간 맥줏집에서 두 명의 친구를 만났다. 새벽 늦게까지 취하도록 마신 우리는 서로의 이름도 잊은 채 흩어졌다. 녀석들은 뭐하고 살려나.

147

솔직히 실수였다. 브르노에서 '체스케(Ċeske)' 하나만 보고 바쁘게 열차에 올랐다. 원래의 계획은 체스키크룸로프. 도착하고 나서 동화 같은 마을을 기대하며 걷고 또 걸었지만 내가 사진으로 본 체스키크룸로프는 보이지 않았다. 지나가는 사람을 붙잡고 캡처한 사진을 보여 주며 이곳이 어디 있냐고 물으니 여기는 체스케부데요비체라며 크룸로프는 다른 곳이라고 말해서 나를 절망 속으로 빠뜨렸다.

1 4 8

체스케부데요비체는 낮이든 밤이든 사람이 없었다. 사람이 없어도 너무 없어서 온 세상이 내 것인 것만 같은 마음으로 고전적인 거리를 누볐다. 이건 여행하면서 최고의 장점인가, 아님 단점인가?

1 4 9

열차 여행은 로맨스다.

열차가 선로를 달릴 때

창문으로 스쳐 지나가는 풍경을 보고도

설레지 않을 사람이 있을까?

#150

빈에서의 일정을 마치고 프라하로 가기 위해 열차에 올라타서는 자전거 칸으로 갔다. 그곳에서 자전거를 묶고 있는 한국인을 만나게 되었는데 그분은 영국에서부터 프랑스, 벨기에, 네덜란드, 독일, 폴란드까지 노숙을 하며 자전거 일주를 하다가 여행의 막바지라 시간이 없어 열차를 타고 여행을 하고 있다고 말했다. 저녁이 되어서야 프라하에 도착한 우리는 함께 바츨라프 광장에서 길거리 음식을 먹으며 이야기를 나눴는데 그분은 마흔 살이 되기까지 가족의 빚을 전부 갚고 꿈 있는 청춘이 사라지기 전에 혼자 유럽이란 대륙에 도전했다고 하셨다.

나이는 숫자에 불과하다고 흔히 말하지만 실제로 나이에 눌려서 하고 싶은 것을 하지 못하는 사람들이 주변에 많다. 여행이라는 꿈을 가지고 있던 그분은 여전히 멋진 청춘이셨다.

1 5 1

대한항공이 체코항공을 인수한 이후 몇 배나 급증한 한국인 관광객 탓에 유럽에서 가장 아름다운 중세도시라 불리는 프라하는 많은 인파로 몸살을 앓고 있었다. 긴 여행 중에 마주친 한국인들이 반갑기도 했지만 나만의 유럽여행 정서를 깨뜨리는 것 같아 불만스럽기도 했다. 그러나 한편으로는 다른 나라에서 한 번도 생각하지 못한 생각을 하게 되었다.

불과 20여 년 전만 해도 아시아의 개발도상국이기만 했던 우리나라 국민들이 어느새 타국의 한 도시를 붐비게 할 정도로 많이 방문하게 되었다는 사실. 자랑스럽기도 했고 대단하다는 생각도 들었다. 앞으로도 대한민국인이 더 넓은 세상을 보고 느낄 수 있도록 관광시장이 커지길 바랐다.

#152

프라하의 구시가지 골목 골목을 걷다가 큰 광장을 마주했다. 멀리서도 눈에 띈 커다란 벽시계는 유럽에서 가장 아름다운 벽시계라는 오를로이 천문 시계였다.
현대에 와서는 정시마다 움직이는 신비한 작동을 보기 위해 많은 관광객이 찾지만 600년 전에 만들어진 이 시계는 시각을 알리기 위해서라기보다는 농업사회였던 당시에 필요한 천체의 움직임과 궤도를 알리기 위함이 컸다고 한다. 전문가가 아니라면 현대인도 이해하기 어려운 천문학과 과학을 몇 세기 전의 사람들이 이해했다는 생각을 하니 인류의 대단함이 절로 느껴졌다.

1 5 3

'저녁을 마신다.' 라는 표현에 감탄이 나온다. 그 정도로 맥주를 즐기는 체코 프라하에서 수백 년간 개인 양조장을 운영한다는 간판을 단 레스토랑으로 발걸음을 옮겼다. 1인당 맥주 소비량이 세계 1위인 체코는 최초 맥주 양조법이라는 기록을 보유한 맥주의 나라다.

프라하를 중심으로 전국에 흩어진 맥주 양조장과 선술집에서는 맥주 한잔으로 누구든 친구가 되는, 흔하지만 쉽지 않은 문화를 체험하며 첫맛은 씁쓸하지만 끝맛은 솜사탕처럼 단 맥주로 지친 몸을 달랬다.

1 5 4

여기는 프라하. 오랜 여행으로 지친 나에게 선물 같은 장소를 발견했다. 다름 아닌 프라하 시내 중심에 자리한 한국 식품점이었는데 긴 여행 동안 피자와 햄버거로 끼니를 때웠던 지라 신라면과 김치, 과자 등으로 혀가 행복해졌다. 유지비가 비싼 시내 중심에 한국인 마트가 있다는 것 자체로 얼마나 많은 한국인이 프라하를 방문하는지 알 수 있었다.

1 5 5

여행은 내게 소중하고 고마운 것이 주변에 얼마나 많은지

틈틈이 일깨워 주고 있다.

156

프라하 시를 내려다볼 수 있는 프라하 성에서 특별한 광경을 목격했다. 아무 정보 없이 아무 생각 없이 신시가지에서 걸어 프라하 성으로 갔는데 그곳에서 근위대 교대식을 보게 된 것이다.

#157

체코에서 스위스로 넘어가는 야간열차에 탑승하여 내 방을 향해 좁은 복도를 걸었다. 작은 문을 열자 덩그러니 놓인 침대가 보였다. 덜컹거리는 열차와 함께 들썩이던 내 몸은 가방을 풀자마자 침대로 향할 수밖에 없었고 이내 스르르 잠이 들었다. 10시간 이상을 달린 열차에 아침 햇살이 비치고, 환한 햇살과 함께 똑똑 하는 소리에 눈을 떴다. 방문을 열자 승무원이 활짝 웃으며 아침 식사를 건넸다.

스위스

새하얀 세상처럼 내 마음속도

#158

프라하에서 13시간 야간열차를 타고 도착한 곳은 루체른. 스위스에서 가장 스위스다운 느낌이라는 이 도시는 초등학교 4학년 때 온 적이 있는 곳이다.

어린 시절 왔던 이곳은 루체른이라는 도시로는 기억되지 않고 돌로 만들어진 사자 동상이 있고 그 주변에서 시계를 산 기억이 있을 뿐인데 다행히 루체른에서 상징적으로 꼽히는 빈사의 사자상을 찾을 수 있어 다시 이곳에 오게 되었다.

#159

1333년에 지어진 200미터가 넘는 카펠교. 유럽에서 가장 오래되고 긴 목조 다리인데 지붕 대들보에는 스위스의 역사적 사건이나 루체른 수호 성인의 생애를 나타낸 112장의 삼각형 연작 판화 그림이 붙어 있다.

#160

어린 시절의 추억이 있는 빈사의 사자상을 보기 위해 숙소에서 나오자 갑자기 눈보라가 치더니 앞이 온통 뽀얘졌다. 오전과 오후의 날씨가 무척이나 변덕스러워서 가까운 카페에 들어가 몸을 녹이며 날씨가 맑아지기를 기다렸다.

1 6 1

갑자기 멈춘 눈보라가 언제 다시 덮칠지 알 수 없었기에 빠른 걸음으로 빈사의 사자상을 향했다. 사자상에 도착하자 어렴풋하던 기억이 또렷해졌다. 또래 아이들과 주변을 뛰어다니며 놀던 초등학생 때의 내 모습…. 하얗게 눈꽃이 핀 나무들 사이에 자리 잡은 사자상을 바라보며 옛 생각을 하다가 사진 한 장을 남기고 자리를 떠났다.

1 6 2

루체른에서 만난 한 동생과 함께 엥겔베르크로 향했다. 원래 나의 목적지는 융프라하였지만 오랜만에 동행인과 여행을 하고 싶었는지 아니면 동생이 말한 '천사의 동네'라는 말에 이끌려서였는지 어쨌든 엥겔베르크로 발을 돌렸다.

1 6 3

엥겔베르크. 기대 없이 간 덕분인지 아니면 그 자체가 아름다운 곳인지 '천사의 동네' 라는 말이 정말 잘 어울렸다. 그 아름다운 풍경에 빠져 시간을 보냈다.

여행은 모든 세대를 통틀어 가장 잘 알려진
예방약이자 치료제이며 동시에 회복제이다.
대니얼 드레이크

Suisse Engelberg

1 6 4

하늘에 제일 가까이 위치한 티틀리스 산. 정상에서 바라본 세상은 온통 새하얬다. 새하얀 세상처럼 내 마음도 하얘지더니 문득 이런 생각이 떠올랐다. '돌아가신 아버지께서 이 경관을 보셨다면 얼마나 행복해하셨을까.'

1 6 5

기억에 남는 건 클리프 워크라고 3238미터 높이의 절벽 위에 만들어진 세계에서 '가장' 높고 무서운 구름다리였는데 지금 생각해도 다리가 후들거린다.

#166

수도 베른. 사람들에게 스위스의 수도를 물어보면 절반 이상이 제네바 또는 취리히라고 대답한다. 예를 들어 캐나다의 수도가 오타와인데 토론토냐 밴쿠버냐 하는 것과 같은 맥락이라고 볼 수 있겠다. 국제적 명성이 다른 도시들이 더 높아서 그럴 수 있겠지만 내가 본 베른은 번잡함보다는 평화로움과 느긋함으로 어우러진 수도였다.
베른 또한 눈 때문에 맑은 하늘 아래 사진을 찍을 수 없었지만 실제로 눈을 보았을 땐 그만한 운치가 또 없었다.

#167

베른 구시가 주변을 U자 형으로 감싸고 있는 아래 강 산책길을 유키 구라모토의 'I Suppose Flowers Will Fall Down'을 들으며 걸었다. 눈이 꽃처럼 떨어지는 것 같은 음률에 맞춰서 한 걸음 한 걸음 내디딜 때 나는 베른에 동화되었다.

#168

유모차에 아기를 태우고 있거나 혹은 아이가 옆에 있는데도 담배를 피우는 스위스 어머니들이시다. 단 한 명도 빠지지 않고 담배를 물고 있었는데, 역시 유럽이라는 생각이 들었다. 모든 유럽 국가는 아니지만 대다수 국가에 금연시설이 잘 안 돼 있어서 길거리 흡연자가 많았다.

갑자기 이탈리아 베니스에 있을 때 생각이 났다. 야외 테라스에서 점심을 먹고 담배를 피우려다 등 뒤에서 아기 소리가 나서 그냥 일어났는데 엄마가 아이를 앞에 두고 담배를 피우고 있어 적잖이 놀랐다. 문화 차이라고 생각하는 게 정신 건강에 좋을 듯싶었다.

169

스위스가 자랑스러워하는 국제 도시 제네바는 다른 도시와는 다르게 유엔유럽본부, 국제적십자본부 등 22개의 국제기구가 있다. 여기는 프랑스와 아주 가까워 프랑스어가 자주 들렸는데 제네바의 상징 레만호를 경계선으로 신시가지와 구시가지가 구분 없이 비슷한 형태로 펼쳐져 있었다.

멀리서 바라보아도 웅장한 유럽의 뼈대 알프스 산맥.

#170

제네바의 상징인 레만호의 분수는 140미터로 치솟아 오르는데 구시가에서도 건물 위로 보일 정도였다. 이색적인 풍경으로는 공원에서 아주 큰 체스말을 발로 툭툭 차며 체스를 두는 것이었다. 세계 어디에서도 볼 수 없었던 풍경이라 신기했다.

1 7 1

꽥꽥 꽥꽥. 레만호를 거닐며 함께 어울린 거위와 오리. 아마도 제네바에서 가장 잘한 일은 이 녀석들을 카메라에 담은 일이지 싶다.

프랑스

추 억 을 회상하는 것도 여행

1 7 2

프랑스 파리로 왔다. 내가 느낀 첫날의 파리는 '지저분함' 이었다. 유럽의 다른 나라에 비해 비율적으로 높은 흑인들과 거리마다 맡게 되는 오줌 냄새 그리고 쓰레기통을 뒤지거나 약과 술에 취해 길거리에 누워 있는 수많은 거지들…. 마약을 권하는 흑인, 싸움을 거는 흑인 등 단 하룻밤 몇 시간 사이에 여행자들이 꺼리고 우려하는 모든 것을 경험했다. 이전에도 여러 도시에서 마약을 권하는 사람을 본 적 있는데 이토록 집요하게 몇 분간이나 따라다니며 싸우자는 시비는 처음 겪었다. 14년 만에 다시 와 본 파리의 첫인상은 정말 별로였다. '소문난 잔치에 먹을 것 없다.' 는 우리 속담이 맞지 않길 바라며 여행을 시작했다.

173

몽 마 르 트 르 언 덕 .

타원형의 기둥을 가진 사크레쾨르 대성당과 어우러진 몽마르트르 언덕은 청춘들의 만남의 광장이 되고 일광욕의 장소가 되었다. 수많은 사람들로 붐비는 곳이기에 유네스코 같은 유명 단체를 사칭한 서명 단체와 행운의 팔찌라 사칭하여 판매하는 흑인 단체가 많았다. 대개 서명 받침대로 시선을 가리고 서명을 받으면서 밑으로 손장난을 쳐서 물건을 훔치거나 의사와 상관없이 팔찌를 묶고 돈을 요구하기도 한다.

#174

내 가 바 로 에 펠 탑 .

개선문 주변을 맴돌다가 찾은 지하통로는 전망대로 향하는 입구였다. 전망대에 올라서는 '내가 바로 에펠탑.' 이라는 듯이 혼자 우뚝 솟은 에펠탑과 동서남북 곳곳으로 펼쳐진 도로를 보며 왜 파리가 프랑스의 중심인지 느낄 수 있었다.

France Paris

1 7 5

지금이야 모든 프랑스인들이 에펠탑을 환영하지만 탑을 건설하려 할 때만 해도 그렇지 않았다. 공업기술로 예술의 나라 프랑스를 망치려 한다는 반대 주장에 맞서 싸운 에펠의 추진력 끝에 완성된 에펠탑은 현재 프랑스의 랜드마크이자 파리를 상징하는 구조물이 되었다.

176

초등학교 4학년 때로 되돌아가면 루브르 박물관의 추억은 모나리자와 니케와 비너스 그리고 미라였다. 그리고 지금, 수많은 인파 속에서 여전히 모나리자는 사진 세례를 받고, 계단 주변에 있던 니케는 여전히 계단을 지키고 있었다. 비너스의 양팔은 아직도 자라지 않았다. 그러나 내가 추억하던 미라는 환수되거나 경매되어 사라지고 다른 미라가 있었다.

#177

루브르 박물관에 전시된 수많은 그림 중 15~16세기 중세시대의 그림에는 그리스도의 모습이 많이 담겨 있었는데 당시 신앙이라는 게 일반인은 물론이고 예술가들에게도 많은 영향을 미쳤다는 생각이 들었다. 박물관이 마치는 9시 30분까지 시간을 채우고 박물관을 나왔다. 그 순간 떠오른, 피라미드 앞에서 사진을 찍던 열두 살 나의 모습.

피아노 다이어리의 'Memories Of Paris'를 들으며, 추억을 회상하는 것도 여행의 일부분이라는 생각이 들었다.

1 7 8

열차역 중앙 시간표 아래 위치한 피아노에 앉아 한 아주머니가 열차를 기다리는 동안 피아노를 치고 있었는데 그 실력이 엄청났다. 지나가는 사람이 모두 발걸음을 멈추고 피아노 연주를 경청하였다.

여행을 다니며 느끼는 감정 가운데 하나는 예술을 대하는 유럽 사람들의 태도다. 어렵지 않게 누구나 가까이에서 즐기고 느끼는 것. 우리나라는 예술을 너무 어렵게 생각하고 대하는 것은 아닐까.

179

스트라스부르는 독일과 프랑스 간 영토 싸움이 반복된 곳이라 두 나라의 문화가 혼합되어 있었다. 두 번의 세계대전 후 독일 내 고유의 건축 양식이 파괴되어 현재 독일에서는 볼 수 없는 문화재를 이곳에서는 볼 수 있는데 누군가 "이곳은 프랑스가 아닙니다."라고 말하면 아무도 의심하지 않고 독일이라고 생각할 만큼 독일스러운 도시였다. 누군가 정말 독일의 건축물을 보고 싶다면 재건축된 프랑크푸르트의 작은 뢰머 광장보다는 프랑스지만 독일의 향기를 느낄 수 있는 스트라스부르를 추천하고 싶다.

첨탑이 하늘을 찌를 듯이 웅장한

스트라스부르의 노트르담 대성당.

#180

웅장한 노트르담 대성당 앞에 선 나를 담기 위해 기꺼이 길에 누워 사진을 찍어 주신 열정의 한 중년.
여행 중에 사진 찍어 달라는 부탁을 하게 되는 경우가 많은데 이렇게 성의 있게 찍어 주는 분은 드물기에 진심으로 감사의 인사를 드렸다.

이곳은 스트라스부르입니다.

ACADEMIE DE LA

#181

드라마 촬영장으로 유명한 우리나라 경기도 가평의 마을 쁘띠 프랑스의 원조인 스트라스부르의 쁘띠 프랑스. '쁘띠 프랑스'는 작은 프랑스라는 뜻이지만 독일의 영향력이 있던 지역이라 그런지 건축물이 독일풍이었다. 자세히 보면 독일 프랑크푸르트의 뢰머 광장과 비슷한 건축 형태라는 것을 알 수 있다.

1 8 2

갑작스레 떠나 온 콜마르.

미야자키 하야오라는 일본인이 있다. 그는 애니메이션 작가였는데 어느 하루 프랑스 콜마르에 오게 되었다. 콜마르의 귀여움과 소박함을 발견한 그는 일본의 문화와 융합시켜 한 편의 애니메이션을 만들게 되는데 환상적인 상상력으로 완성된 작품은 바로 '하울의 움직이는 성'. 타국과 자국의 문화를 융합해서 누구도 상상하지 못할 이야기와 감수성과 표현력을 구현한 그에게 존경심이 들었다.

1 8 3

히사이시 조의 '인생의 회전목마'를 들으며 걷던 콜마르.

1 8 4

아시아의 중국처럼 프랑스에 다양한 음식이 존재할 수 있는 이유는 여러 민족(켈트, 라틴, 게르만)이 모여서 살아 그런 듯했다. 민족마다 다양한 입맛이 있고 또한 온갖 식재료를 구할 수 있기 때문이 아닐까. 프랑스인은 냄비로 끓인 요리는 싸구려 음식 취급을 한다. 그 이유는 적은 양의 재료로 국물과 함께 양을 늘리는 요리는 가난한 가족들이나 해 먹는 음식이라 생각하기 때문인데 2~3시간 정도를 식사 시간으로 할애할 만큼 그들에게 음식은 중요했고 그렇기에 식사 에티켓을 중요시하는 문화가 존재했다.

185

프랑스 제2의 도시 리옹으로 왔을 땐 다른 나라와 다르게 흑인들이 눈에 많이 띄었다. 그 무렵은 아프리카에서 이민 온 흑인 2세들의 대규모 폭력 시위와 테러가 급증했을 때라 긴장감 급증.
파리와 다르게 리옹에서는 동양인을 거의 볼 수 없었고 그래서 그런지 다들 나를 유심히 쳐다보아서 무척이나 민망했다.

#186

리옹에는 손 강과 론 강이라는 두 개의 강이 있는데 어느 강에서 리옹을 보아도 잘 어울리고 아름다웠다. 리옹의 중심이라고 볼 수 있는 벨쿠르 광장에 도착해서는 관람열차를 발견했다. 곧장 올라타서 시내 야경을 찍고 싶었는데 그 순간 멀찍이 성당이 보였다. 관광열차를 버리고 야경을 찍기 위해 급히 성당으로 발걸음을 옮겼다. 그 성당은 알고 보니 푸르비에 사원. 길을 묻고 물어서 '푸니쿨라' 라는 케이블카를 타고 사원에 도착했고 푸르비에 사원에서 바라본 야경은 나에게 황홀감을 선물했다. 수많은 시내 야경을 봐 왔지만 이렇게 느낌 있는 야경도 몇 없었다.
허락을 못 받았지만 삶을 곱씹는 듯한 분위기로 홀로 맥주를 마시며 시내를 내려다보던 한 여성이 모델이 되어 더 멋진 사진을 찍을 수 있었다.

1 8 7

푸니쿨라에서 내려 나는 다시 벨쿠르 광장으로 갔다. 『어린 왕자』를 쓴 생텍쥐페리 생가와 동상을 보기 위해서였는데 아무리 찾아도 동상이 보이지 않았다. 한참을 두리번거리다 한 커플에게 물었는데 그들은 내 머리 위를 가리키는 것이 아닌가. 너무 높이 있어서 못 봤던 것이다.
머쓱한 웃음을 그 커플과 나누었다.

He who would travel happily must travel light.
행복하게 여행하려면 가볍게 여행해야 한다.
생텍쥐페리

#188

아비뇽. 숙소 예약을 하지 않고 온 탓에 무거운 배낭을 메고 거리를 다니며 숙소를 찾았다. 역 근처 큰 거리에서 'HOTEL'이라는 간판을 보고 들어갔는데 프런트나 분위기가 웬만한 호스텔보다 못했다. 누추하기까지. 그런데 60유로라니. 가격에 어이가 없었지만 더 찾아볼 기력이 없어 돈을 내고 방으로 올라갔다. 열쇠는 왜 또 그리 말을 안 듣던지…. '덜컥' 하고 문이 열렸을 때 보이는 작은 침대로 그대로 뛰어들어 달콤한 낮잠을 청했다.

#189

교황청이 한때 아비뇽으로 옮겨진 적이 있었다.
68년간인데 아비뇽 교황청은 중세 교황권의 몰
락을 상징하기도 하지만 이 시기에 건축, 기술,
문화 등의 다양한 발전이 있었기에 몰락이 아닌
재정비의 기간이란 해석이 되기도 했다.
실제로 교황청을 마주했을 때는 교회나 집이라
기보다는 요새라는 생각이 들 정도로 웅장했다.

#190

하늘정원의 '과거로 쓰는 편지' 가 귓속에서 음을 타는 지금,

아비뇽의 흐린 오후.

#191

나는 프랑스에서 아비뇽, 리옹, 파리, 그리고 마지막으로 반 고흐의 도시이자 고대 로마 제국의 흔적이 남아 있는 아를을 돌고 이런 생각을 했다. 아를을 보지 않았다면 프랑스를 논하지 말라.

#192

아를에 도착하자마자 내리기 시작한 눈은 시간이 지날수록 엄청나게 내려서 나중에는 카메라 렌즈를 마구 덮쳤다. 사진을 찍을 수가 없을 정도. 하지만 여행을 하며 쌓은 경험 덕분인지 흐리고 눈보라 치는 날 속에서도 아를의 아름다움을 직감으로 느낄 수 있었다.

#193

눈보라 속에서 맨 처음 간 곳은 로마 시대 원형경기장이었는데 아무도 없는 텅 빈 경기장을 홀로 바라보니 역사 속에 내가 빠져 있는 듯했다.
로마 경기장은 90년에 콜로세움을 바탕으로 만들어졌다. 2000년 가까이 된 건축물임에도 매우 잘 보존된 외형이 놀라울 정도였다.
제일 높은 자리에 올라 바라본 론 강의 전경은 반 고흐가 왜 이곳을 사랑했는지 알게 하였다.

아를의 아름다운 골목.

1 9 4

다른 무엇보다 아를이 사랑스러웠던 이유는 골목골목마다 고전적이면서도 정말 유럽스러운 기분을 주어서이다. 날씨 때문에 사진을 제대로 못 찍어 가장 아쉬웠던 도시가 아를이고 아쉬웠던 만큼 더 애착이 가고 기억에 남는 곳이 아를이다.
누구든 아를에 발을 내디딘 사람은 아를의 아름다움에 빠져 반 고흐가 이곳에서 어떻게 멋진 작품을 만들 수 있었는지 알 수 있을 것이다.

스페인

우리의 승리를 축하해 줘요

195

스페인에 도착했을 때 '드디어 왔구나.' 라는 생각이 들었다. 다른 나라에 비해 유독 관심이 높았던 까닭이다. 지친 몸을 하루 쉬고 다음날 맨 먼저 찾아간 곳은 가우디의 건축물 중 대표작이자 아직까지 공사 중인 성가족 성당이었다.

#196

바르셀로나 시내를 내려다볼 수 있는 탑에 올라가기 전까지 날이 화창해지기를 바라며 50미터는 족히 되어 보이는 줄을 서서 표를 사고 들어간 성가족 성당은 그 자체가 다른 어느 성당과도 비교가 안 될 만큼 특이하고 신선했는데 특히 내부는 성당이라기에는 매우 독특하며 신비로운 느낌이 컸다. 가우디의 건축물은 자연과 조화를 이루는 스타일이라고 들었는데 실제로 성당 구석구석에 과일, 벌레, 나뭇잎 등의 조각이 많았다. 엘리베이터를 타고 올라간 탑 꼭대기에서 바라본 바르셀로나의 전경은 기대보다 크게 아름답다고 느껴지지 않았지만, 뭐, 온 김에 "찰칵".

1 9 7

안단티노의 '한 편의 영화처럼'.

1 9 8

음악을 들으며 람브라스 거리에 도착했다. 람브라스 거리의 끝에는 콜럼버스 기념탑이 있는데 콜럼버스가 신대륙을 발견한 후 바르셀로나 항구로 돌아왔기 때문이다. 미국 대륙은 콜럼버스가 오기 이전에 인디언들이 살고 있었고 최초로 신대륙을 발견한 사람은 아니지만 그가 없었으면 유럽인들의 대량 이주도 없어서 지금의 캐나다나 미국은 없었을 것이다. 그의 탐험심이 또 다른 세계를 만들었다는 사실에 같은 여행가로서 존경심이 일었다.

#199

다른 나라에 비해 유난히도 검문이 심했던

스페인 국내선 열차.

200

AT 마드리드와 레알 마드리드의 경기가 있다는 정보를 얻고 바르셀로나의 하루 일정을 포기하고 달려간 곳은 마드리드이다. 가이드북이나 여러 사람들은 마드리드에 그리 볼 것이 없다고 했는데 나는 관광객의 입장이라기보다 현지인처럼 마드리드를 즐겼다.

마드리드에 도착하자마자 지하철을 타고 간 곳은 '비센테 칼데론' 이라고 하는 아틀레티코 마드리드 홈구장이었는데 매표소가 문을 닫아 표를 사지 못하고 있으니 암표상들이 주변에 몰려들었다.

그때 눈에 띈 한국인이 있어서 어떻게 티켓을 구하는지 물으며 얘기를 나눴는데, 놀랍게도 그분은 나의 사촌형 지인이셨다. 우리는 급속도로 친해져서 이곳 저곳을 함께 다녔는데 그분이 인터넷으로 마드리드 더비 경기 티켓을 구해주어서 함께 관람하러 갔다.

2 0 1

마드리드 더비 경기라 그런지 응원 열기가 대단했다. 역동적인 파도타기 응원과 몇 만 명이 함께 외치는 함성에 전율이 흘렀다. 비록 꽤 먼 거리에서였지만 세계적인 축구 스타 호날두를 본 것만으로도 마드리드 여행은 성공적이었다.

#202

우리의 승리를 축하해 줘요.

경기가 끝나고는 아틀레티코 홈팬들이 4 대 0으로 이겼다고 자랑을 하며 지나가고 몇몇은 포즈를 취하며 사진을 찍었다. 한국적인 마인드로는 이해하기 힘든 과격한 스포츠 사랑이었지만 그런 문화가 조금은 부러웠다.

#203

사흘 밤을 매일 찾아갔지만 너무 긴 줄과 가득 찬 인원 때문에 들어가지 못한 '카페 센트럴'은 나의 오기를 치밀게 했다. 나흘째 되는 날, 꼭 들어가기 위해서 나는 밤 9시에 시작하는 공연을 위해 오후 5시부터 기다렸다. 그리고 드디어 들어갈 수 있었다.

'카페 센트럴'은 「다운 비트」라는 유명한 재즈 매거진에 2011년 세계 최고 재즈클럽으로 올랐던 곳이기도 하다. 내 자리가 연주자들 바로 앞 자리라 연주 중간 쉬는 시간에 사진을 찍고, CD를 사고, 사인을 받고, 악수도 나눴는데 스페인 음악가들이라 그런지 매우 열정적이면서 힘 있는 연주를 했다. 이색적이면서 한편으론 그저 신기했다.

204

유럽 여행의 막바지라 그런지 또 다른 추억이 나에게 생겼다. 바로 음식이다. 내가 유럽을 돌아다니며 하루에도 몇 번씩 먹은 음식은 '하몽' 이었다. 하몽은 흑돼지 다리를 일정 기간 숙성시켜서 그 자체를 썰어서 파는 음식인데 술을 좋아하는 사람이라면 하몽의 진가를 알 수 있을 것이다.

톨레도, 마드리드를 가면 꼭 들러야 할 곳!

205

허기진 배를 채우기 위해 톨레도에서는 맛집 투어를 하기로 했다. 인터넷 블로그에서 유명한 레스토랑 'el trébol'을 찾기는 어렵지 않았다. 소코도베르 광장 입구 왼편으로 난 좁은 골목 사이 왼쪽에 자리한 '엘 트레볼'은 음식이 비싼 도시에서의 한 끼 식사 값으로 여러 종류의 음식을 먹을 수 있을 정도로 매우 저렴했다. (술은 2~4유로, 음식은 5~10유로)
입구부터 사람들로 북적이는 레스토랑에서 15분 정도를 기다린 후에야 자리에 앉을 수 있었다.

2 0 6

프리 노트의 음악을 듣고 있다.

'여행을 떠난다는 것'

포르투갈
식 사 도
여행의 일부분

207

포르투갈은 2002년 열린 월드컵 예선전에서 박지성의 왼발에 골문이 흔들린 나라이자 세계적인 축구 스타 호날두의 고향이라는 것 빼곤 남유럽에서 가장 생소한 나라였다. 마드리드에서 리스본행 야간열차를 탈 땐 '리스본행 야간열차'라는 영화 제목이 떠올라서 그런지 씁쓸함 반 설렘 반의 마음이었다.
이른 아침에 도착한 리스본의 공기는 차가웠다.

2 0 8

리스본은 걷는 맛이 났다. 찬찬히 걸어만 다녀도 즐겁고 행복하다는 것을 여행을 와서 자주 느낀다. 공원에 앉아 한적하게 책을 읽는 사람들과 특색 있는 벽화들은 지저분해 보이지 않고 골목을 더 편안하게 걷도록 만들었다.

시즈코 모리의 '기적을 꿈꾸는 열차'와
함께 걸었던 리스본에서 안락함을 느꼈다.

2 0 9

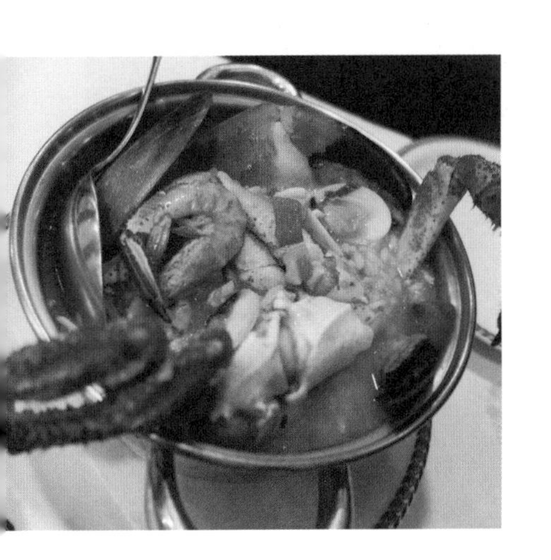

식사도 여행의 일부분이라는 말이 떠오를 만큼 나의 혀를 행복하게 해 준 시푸드 요리가 있었다. 포르투갈 전통 음식인 '해물국밥(Arroz de Marisco)'이었는데 크랩, 새우, 조개와 같은 여러 해산물과 밥으로 만들어진 음식이었다. 값비싼 음식이 아니었기에 리스본에 머무는 동안 매일 먹을 수 있었다. 지금도 해물국밥을 생각하면 입에 침이 고인다.

210

길을 걷다가 우연히 들어간 좁은 골목에서 만난 담배를 피우던 중동 친구들. 인도에서 이민 왔다는 이들은 내가 한국에서 왔다고 하자 자기 친구가 5년 동안 한국에서 일하고 있는데 돈을 많이 벌었다며 한국에 살고 있는 나를 엄청 부러워했다.

#211

상 조르즈 성에서 바라본 리스본. 마음에 드는 독사진을 찍기 위해 지나가는 사람 5명에게나 부탁을 했다.

#212

리스본에서 열차로 45분 거리에 있는 작은 도시 신트라는 울창한 숲에 둘러싸여 있었다. 이곳에서는 7세기에 이슬람 무어인들이 세운 무어 성과 영국 시인 바이런이 '에덴의 동산' 이라 칭한 페나 성을 볼 수 있는데, 수많은 돌계단으로 이루어진 무어 성을 땀 흘려 오르내렸던 기억뿐이다.

2 1 3

카스카이스에서.

자유롭게 날아다니는 갈매기처럼

평생 자유롭게 살고 싶은….

룩셈부르크

지친 다리에 휴식을

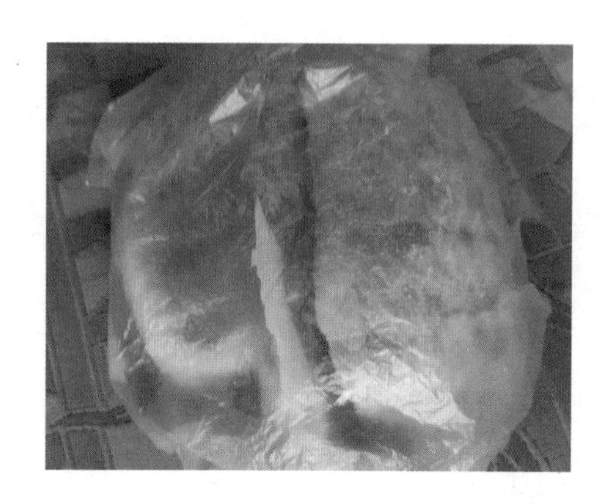

214

조식이 있는 숙소에 오랜만에 묵어서인지 조식을 위한 내 발걸음은 어느 때보다 빨랐다. 서둘러 밥을 먹고는 물가가 비싼 룩셈부르크에서 돈을 아낄 겸 샌드위치를 만들어 한국에서 가져온 비닐봉지에 담았다. 뭐, 구차해 보일 수도 있지만 오랜 여행을 하면서 습득한 나름의 돈을 아끼는 방법이었다.

#215

마음쉼표의 '공원 벤치에 앉아' 를 들으며

지친 다리에 휴식을.

#216

이런저런 생각에 빠져 걷다 보니 성벽 전망대에 도착해 있었다. 아래에 펼쳐진, 작은 운하와 그 주변의 건축물들은 중세시대를 느끼게 해 주었다. 다만 아쉽게도 타운을 둘러싸고 있는 산 주변의 삐쭉삐쭉 튀어나온 현대식 건물과 공사 중인 커다란 크레인들이 과거로 빠지는 기분을 방해하곤 했다.

217

1인당 GDP 순위 1위인 룩셈부르크는 1년에 1인당 평균 1억1천만 원 이상을 버는 것으로 집계되었다. 룩셈부르크는 특별히 강한 산업이나 경제력이 있기보다는 탈세를 위한 페이퍼컴퍼니를 세워 기업에 부과되는 세금을 줄이고 경비 또한 줄이는 조세 회피 지역으로 활성화되어 금융업이 다른 나라에 비해 매우 발달해 있었다. 우리나라 4분의 1 정도의 작은 나라가 세계 1위의 부자 나라라는 게 조금 신기할 뿐이었다.

벨기에

나를 기다렸던 밤하늘

2 1 8

다크 블루의 하늘이 사라지기 전에 도착한 브뤼셀 그랑플라스 광장은 세계에서 가장 아름다운 광장이라는 칭송에 어울리게 사람들로 붐비고 있었다. 특유의 유러피언 스타일로 수많은 사람들이 광장 모퉁이 의자에 앉아 맥주를 마시며 느긋하게 시간을 보내는 모습은 내가 상상한 유럽 광장의 모습이었다.

여행과 장소의 변화는 우리 마음에 활력을 선사한다.

세네카_ 철학자

219

음료를 사기 위해 들른 슈퍼마켓에서 또 하나의 인연을 만났다. 킴이라고 자신을 소개한 친구는 1988년생의 벨기에 출신 한국인 혼혈인이었는데 휴대전화에 찍어 둔 한국 여권을 보여 주며 한국인임을 강조했다.
어머니의 나라에 대해 궁금해하던 그의 모습은 외국 사람이라기보다는 그냥 턱수염 많은 한국인에 가까웠는데 이제 자주 연락하는 친구가 된 킴이 언젠가 한국에서 만나기로 한 약속을 잊지 않았으면 좋겠다.

220

좀 신기했던 초콜릿. 벨기에 3대 명물 중 하나가 초콜릿이라는 말에 어울릴 만큼 특이했던 초콜릿이다. 혼자 먹기에 부담스럽게 큰 것들이 많아 너트 모양의 작은 것을 하나 먹었는데 그리 달지 않고 달콤한 것이 내 입맛에 딱 맞았다. 하지만 달콤한 초콜릿에 어울리지 않게 볼트 너트 모양이 웬 말인가!

2 2 1

유럽 3대 썰렁 명소 중 하나인 오줌싸개 동상.

풍문으로 소년의 옷이 수백 벌은 된다고 했다.

2 2 2

벨기에의 브뤼헤는 한국의 경주 같은 곳인데 서유럽의
베니스라 불릴 만큼 많은 사람들에게 사랑받는 도시다.

수도인 브뤼셀과 다르게 조용하고 평화로운
이곳은 수백 년의 시간이 멈춘 듯.

2 2 3

마르크트 광장의 길드 하우스는 레고를 다닥다닥 붙여 놓은 듯 사이좋게 줄지어 있어 귀엽게 보였다. 브뤼헤가 멋있는 이유는 과거 무역 중심지의 찬란함을 잃고 그저 그런 동네로 전락했음에도 변화 없이 '있는 그대로의 멋'을 고수했기 때문.

2 2 4

피아노 윈드의 '시간여행자'와 함께.

6206
4 Moscou
20
6206

2 2 5

체력이 방전된 탓에 잠시 눈을 붙인다는 게 깜빡 잠이 들었는지 눈을 떠 보니 밤 9시였다. 피곤한 몸을 이끌고 서둘러 숙소에서 나왔는데 구시가까지 가는 길은 좀 지루했다. 하지만 구시가로 진입하는 다리를 건너자마자 설렘이 생겼고 발걸음이 빨라지기 시작했다. 운하 주변으로 즐비한 카페와 레스토랑에서 많은 사람들이 겐트 특유의 분위기를 즐기고 있었기 때문이다.

건축 형식 등이 브뤼헤와 비슷하지만 완전히 다른 매력이 있는 겐트는 관광객 수요에 맞춰서 움직이는 브뤼헤와는 다르게 현지인들을 위한 도시였고 그렇기에 더욱 활기차고 건강해 보였다.

226

하늘이 제일 예쁜 밤 10시부터 11시까지 도심을 연결해 주는 다리를 내 것처럼 여기고 이리저리 건너뛰며 사진을 찍었다. 여행을 하며 찍은 밤하늘 사진 중 가장 아름답다고 말할 수 있을 만큼 겐트를 내려다보던 그날의 밤하늘은 세상에서 가장 아름다운 모습으로 기억된다.

2 2 7

우연히 눈이 마주치자 먼저 눈인사를 하던 벨기에의 청춘 남녀들. 그런데 이렇게 밤늦게까지 놀면 너희는 부모님들이 걱정 안 하시냐?

#228

브뤼헤에서 30분가량 열차를 타고 도착한 겐트는

네덜란드로 가기 위한 경유지로 하루 묵었지만

나를 기다렸던 밤하늘은 벨기에에서
가장 멋진 추억을 만들어 주었다.

229

여행은 마약처럼 한번 빠지면 쉽게 헤어나지 못한다. 한 번 두 번 떠나기 시작한 여행의 추억은 향수병처럼 나의 어딘가에 자리를 잡고 꿈틀거린다. 그렇다. 여행은 중독이다.

네덜란드

젊음을 즐길 줄 아는 그들

230

로테르담 여행은 두 가지 궁금증에서 시작되었다. 다른 도시에 비해 다양한 민족이 어울리는 모습은 어떤지 그리고 크고 높으며 세련되고 특색 있는 건축물은 어떠한지 나는 궁금했다.

2 3 1

우리나라에서는 쉽게 볼 수 없는 형태의 건물들을 거리 곳곳에서 볼 수 있었는데 제2차 세계대전 때 폭격을 당해 폐허가 된 도시를 독창적인 현대식 건물들로 재생시켜 현대건축의 거점으로 재탄생되었다.

2 3 2

로테르담의 상징적인 건축물 중 하나인 에라스무스 다리를 감상했다. 에라스무스 다리는 네덜란드가 낳은 최고의 학자 에라스무스를 상징하기 위해 만들어졌는데 솔직히 나 개인적으로는 우리나라의 광안대교가 더 혁신적이고 멋지게 느껴졌지만 이날따라 유난히 맑은 하늘 덕분인지 내 눈에 비치는 모든 것이 멋졌다.

2 3 3

큐브 하우스! 54도 각도로 기울어진 형태의 건축물인데 지금은 호스텔로 사용 중이다. 로테르담을 상징하는 건축물의 하나이기에 수많은 관광객이 찾아와 입장료를 받는다. 문득 이러한 현대 건축물이 천 년 뒤에는 로마의 콜로세움처럼 역사적 문화재로 대접받을 날이 올지도 모르겠다고 생각하니 좀 웃겼다.

2 3 4

큐브 하우스 뒤로는 토요일에만 열리는 재래시장이 있었는데 과일, 꽃, 음식, 의류 원단 등 여러 상품이 매우 싼 가격에 거래되고 있었다. 동남아시아도 아닌 유럽에서, 그것도 서유럽 네덜란드에서 이렇게 큰 재래시장을 보니 신기했다.

한참을 쳐다보다 보니 "싸요, 싸. 반값 세일입니다."라는 환청이 들리는 듯했다. 목청 좋은 소리에 뒤를 돌아보니 덩치 큰 아저씨가 과일을 흔들며 호객 행위를 하고 있었고, 상품이 좋은지 안 좋은지 만져 보는 손님도 보였다. 생김새는 다르지만 사람 사는 모습은 어디든 비슷한 것 같다.

2 3 5 부러우면 지는 거다.

236

흐린 날씨에 출발했지만 잔담에 도착했을 때는 먹구름이 사라지고 파란 하늘이 펴져 있었다. 암스테르담에서 멀지 않은 소도시로, 15분 만에 도착한 잔담의 열차역은 마치 애니메이션 '토마스와 친구들' 에 나올 법하게 아기자기하고 귀여웠다.

2 3 7

레고를 겹겹이 쌓아 올린 것 같은 건물이 눈에 띄었는데 자세히 보니 하나의 건물이었다. 열차역 바로 앞에 위치한 호텔. 주변 건물마저도 레고스러운 건축 양식이라 레고마을을 걸어 다니는 듯한 느낌을 주었다. 네덜란드 고유의 전통적인 건축물 색을 살리면서 동시에 도전적인 실험의 결과물로 보였다.

2 3 8

잔담 시내는 그다지 넓지 않았다. 작은 인공운하를 가운데 두고 양쪽으로 쇼핑센터가 즐비했는데 갑자기 꽃이 피듯 날씨가 맑게 개어서 사진 찍는 맛이 났다.

#239

코흐 잔디크 역에서 내려 걸어간 잔세스칸스는 네덜란드에서 유명한 풍차마을이다. 네덜란드의 상징인 풍차마을이라는 정보 외에는 아무것도 모른 채 10분가량 걸어가다 마주한 작은 다리 앞에 펼쳐진 풍경.

"아! 내가 네덜란드에 왔구나!"

#240

하굣길인지 많은 학생들이 자전거를 타고 지나갔다. 버스나 지하철을 타고 등하교하는 우리나라 학생들과는 다른 모습. 전국 어디든 자전거를 타고 다닐 수 있는 네덜란드는 어느 나라보다 자전거가 잘 어울리는 나라였다.

2 4 1

레고 속 세상 같은 잔담과는 다르게 잔세스 칸스는 마치 동화 속 세상 같았다. 운하 사이사이 집들을 연결하는 작은 다리, 잔잔한 호수 근처 넓은 초원에서 뛰노는 양들, 그리고 그 풍경에 맞춤하게 어울리는 풍차…. 정말 평화로운 동화 속 세상이었다.

#242

네덜란드 치즈는 세계적으로 유명한데 특히 기억에 남는 것은 햄 맛이 나는 치즈였다. 꽤 맛있어서 시식이라고 하기엔 과할 정도로 많은 양을 쥐처럼 살짝살짝 먹었다.

243

암스테르담을 찾은 수많은 사람들의 발걸음이 분주했다. 중앙역을 나서자마자 한 청년이 피우는 마리화나 냄새가 나를 맞이했다.

화창한 날 암스테르담의 운하.

2 4 4

내 생일이다. 나이가 들수록 사람들이 생일을 대수롭지 않게 생각한다는 걸 많이 느끼는데 모두들 사는 게 바빠서는 아닌지.
나뿐만 아니라 주변 사람들 모두 태어난 날만큼은 행복하고 축하 받으며 자기의 날이 되어야 한다고 생각하는 나, 먼 외국의 땅에 있었지만 SNS를 통해 연락해 주었던 많은 지인들이 고마웠다.

2 4 5

암스테르담의 지고돔이라는 곳으로 들어가자마자 수만 명 사람들의 환호와 함성이 들렸다. 착석과 입석의 모든 자리가 만석이었는데 마룬 파이브의 인기를 실감케 해 주었다. 솔직히 'This Love' 'Sunday Morning' 외에는 모르는 곡이 많고 그냥 유명하기에 알던 가수였는데, 처음으로 가수의 공연을 본다는 것도 모자라 세계적인 가수의 공연을 보는 자리다. 터질 듯한 함성과 그의 쇼맨십과 입담 그리고 특유의 가성과 훌륭한 노래로 공연의 열기는 매우 뜨겁게 달아올랐다.

246

마룬 파이브의 공연에는 의외로 나이 드신 분들이 많이 와 있었는데 공연 시작부터 끝까지 키스를 하고 서로 몸을 어루만지던 50대 부부가 있었고 딸과 함께 온 나이 지긋하신 아버지가 춤을 추는 모습도 볼 수 있었다. 아마 이런 젊음을 즐길 줄 아는 그들이기에 나이 든 사람과 젊은 사람이 함께 어울리는 사회가 형성되지 않았겠는가 하는 생각을 했다.

어떻든 세계적인 스타 마룬 파이브의 음악과 함께했던 나의 25번째 생일은 평생 기억에 남을 것을 확신하며 음악의 바다에 빠졌다.

2 4 7

한잔하러 왔다가 웃음을 한 바가지 얻어간 암스테르담 어느 술집의 사장님과 직원. 두 분 모두 호탕한 성격의 아주머니들이셨는데 홍등가를 가 보라면서 "나 예전에 거기서 일했는데 엄청 좋아."라며 한국에서는 상상도 못할 농담을 하셨다.

이분들의 얘기에서 네덜란드와 우리나라의 성매매에 대한 개념 차이를 느낄 수 있었는데 좋은 건지 안 좋은 건지 판단이 되지 않았지만 너무도 밝은 모습으로 손님들을 대하는 그들의 태도는 인상적이었다.

ZONE
30
Uitgezonderd
Laden en Lossen
2,3m

#248

네덜란드에서 쉽게 떠올릴 수 있는 이미지 중 하나는 시내 한복판에 자리 잡은 홍등가이다. 많은 관광객들에게 관광코스로 공인되어 있을 만큼 분위기 자체가 밝았다. 노동조합이 결성되어 있을 만큼 암스테르담의 매춘부들은 하나의 '직업' 으로 인정받았는데 '직업에는 귀천이 없다.' 는 우리 속담을 완벽하게 소화하는 사회였다.
정부는 이러한 정책 덕분에 매춘이 어둡고 음침한 범죄의 그림자에서 벗어나 성범죄율을 낮추는 역할까지 한다고 자부했다. 하지만 선입견일 수도 있지만 섹스를 합법적으로 관광 또는 사업으로 활성화하는 것을 이해하기 어려웠기에 붉은 조명 아래 알몸으로 웃음을 팔고 마약을 팔던 그 거리를 사진에 담을 수는 없었다.

독일

사건사고가 많았던
그래서 더 기억에 남는

249

독일 브레멘으로 오는 열차 안이었다. 한 남자가 2유로를 줄 테니 휴대전화를 빌려 달라고 했다. 나는 한국에서 로밍을 해 와서 여기서는 전화가 불가능하다고 말했는데 다짜고짜 화를 내며 독일어로 "코리안 코리안" 하며 욕을 하는 것 같았다. 그러면서 나에게 독일어를 해 보라며 독일어도 못하면서 왜 여기 왔냐고 비아냥거렸다.

그래도 그때까지는 괜찮았다. 그가 칼을 꺼내기 전까지는.

솔직히 무척 당황스러웠지만 휴대전화 안 빌려준다고 칼을 꺼내어 칼 끝자락을 만지작거리는 그 독일인이 어이없었다. 내가 배를 내밀고서 찌르라 하고 다른 독일인이 내 옆에 와서 서 있자 그는 당황하더니 칼을 뒷주머니에 넣고 다음 역에서 내렸다. 그가 내린 후 옆에 있던 다른 독일인이 미안하다며 대신 사과하고 자기 자리로 돌아갔지만 무척 기분 나쁜 독일 입성이었다.

모든 독일인을 비난하는 것이 아니라 일부 소수의 무례한 사람들이 타 유럽 국가에 비해 비율적으로 높다는 것을 몇 번 경험으로 느꼈다. 유럽의 경제를 움직이기 때문에 만들어진 자만심인지 타국에서 온 관광객들에 대한 무례함이 다른 유럽 국가보다 훨씬 더 크게 느껴졌다.

RESTAURANT
FLETT
ATLANTIC

250

브레멘의 숙소에 도착해 짐을 푼 뒤 찾아간 곳은 브레멘 음악대 동상이 있는 마르크트 광장이었다. 브레멘의 중심지답게 이곳은 수많은 관광객들로 넘쳐났는데 건물 하나하나 분위기가 살아 숨 쉬고 있는 듯이 보였다.
도로와 트램 라인의 경계선이 없어서 넋 놓고 사진을 찍다가 트램에 치일 뻔하기도 한 마르크트 광장은 세계전쟁으로 모든 것을 허물고 다시 세운 독일의 다른 대도시들과 달리 현대와 과거가 공존해 보였다.

251

어릴 적 동화 속에서만 보던 브레멘 음악대 동상에는 당나귀의 두 다리를 잡으면 소원이 이루어진다는 전설이 있다.

브레멘 음악대라는 동화에는 당나귀 닭 개 그리고 고양이가 등장하는데 모두 늙어서 주인에게 필요가 없어지자 자유를 갈망해 탈출하게 된다. 이후 많은 시련을 견디며 새로운 삶에 도전하는 모습을 통해 힘든 역경 속에도 희망은 있다는 가르침을 준다.

하지만 동화 속 숨은 진실은 노예나 하인들이 평생 주인을 위해 봉사하다가 나이가 든 후 버림당하는 14세기의 시대 배경을 반영했는데 하류층의 노동력을 이용하다가 가치가 하락하자 버려 버리는 지배층들의 매정함을 비판하고자 이 동화가 탄생했다. 과거든 현재든 지배층과 피지배층의 갈등은 어쩔 수 없는 사회적 구조인가, 씁쓸했다.

#252

해가 저무는 시간에 슐라흐테 지구에 왔다. 브레멘을 가로질러 흐르는 베저 강의 강변에 만들어진 둔치 같은 곳인데 깔끔한 산책로와 강변에 정박해 있는 배들이 멋스럽게 어울려 항구 도시임을 표현했다.
야경을 찍다가 강변에서 수많은 사람들이 맥주와 음식을 즐기는 모습을 보니 꼬르르륵. "뭐 먹지?"

\# 2 5 3

현대화가 진행된 독일의 다른 도시와는 매우 달랐던 괴팅겐은 작은 대학도시였는데 이곳에서 괴팅겐대학 학생들에게 한국어를 가르치며 지내고 있는 특별한 인연을 만났다. 한국에서 알던 한동네 동생이었는데 그 친구가 묵고 있는 한인 홈스테이 가족들과 시간을 보내며 맛있는 한식도 먹고 따뜻한 잠자리도 가질 수 있었다. 이 책을 통해 정말 고마웠다는 말을 전하고 싶다.

괴팅겐에서 따뜻한 방과 맛있는 한식을 내어 주신 아주머니에 대한 감사의 표시로 귀여운 아들들에게 커플티를 사 줬다. 내가 떠난 후 인증샷을 보내 왔는데 지금쯤 얼마나 컸을까.

2 5 4

괴팅겐대학 학생들에게 한국어를 가르치며 독일어를 공부하는 동생의 말에 따르면 독일의 많은 도시들이 제2차 세계대전 당시의 폭격으로 옛 모습을 잃고 현대화되었지만 제2차 세계대전 당시 독일의 런던 대공습 때 옥스퍼드대학과 캠브리지대학을 폭격하지 않아서 연합국에서도 괴팅겐 대학도시를 폭격하지 않았고 그로 인해 많은 건축물이 원형대로 보전될 수 있었다고 한다. 특이하게도 모든 건물마다 건축 완공연도가 붙어 있었는데 1500~1700년에 지어진 건물이 대다수였다.

2 5 5

자산 규모가 5경 원을 육박하며 세계 금융을 뒤흔든다는 로스차일드 가문에 대한 책을 읽은 적이 있다. 그 가문의 고향인 프랑크푸르트는 그들과 함께 성장하여 현재 국제금융 중심 도시로 자리 잡고 있었다. 특히 신문에서만 보던 유로화를 발행하고 유럽의 통화 정책을 맡고 있는 유럽중앙은행을 보았을 때는 감회가 새로웠다. 어떤 사람들이 저 건물 속에서 일하고 있을까?

어느 길로 가야 할지 더 이상 알 수 없을 때
그때가 비로소 진정한 여행의 시작이다.

히크메트_ 터키의 시인

256

뮌헨의 시청사를 배경으로 사진을 찍고 난 뒤 곧바로 이 도시를 떠나야 하는 상황이 왔다.
지하철에서 백인 우월주의에 가득 찬, 덩치가 나만 한 한 여성을 만났다. 그녀는 나를 계속 따라오며 독일어로 시비를 걸고 침을 뱉고 손찌검을 했는데 그녀를 피하고 피하다 커진 고함 소리에 경찰까지 출동했다.

처음 겪는 상황에서 경찰에게 대사관에 연락해 줄 것을 요청하자 "너 지금 영어 쓰고 있지?"라고 했다. "내가 영어로 당신과 얘기 중이잖아."라고 하니 "그래. 너랑 나랑은 대화를 하고 있는데 왜 대사관에 연락해야 하지? 조용히 하고 경찰서로 따라와."라고 했다.

나와 함께 간 담당 수사관은 방으로 들어가자 휴대전화를 압수하고 정말 내가 죄인인 것처럼 화장실을 가겠다는 말에 소리를 지르며 나를 압박했다. 수사관은 나에게 1500유로의 벌금을 내지 않으면 내일 법원에 가게 될 거라며 돈을 요구했다. 그만한 돈이 없다고 1시간을 버티자 그들은 법적 통역원을 불러다 주었고 독일에서 법을 공부한 지 15년이 되어 간다는 한국 여성분이 오자 그들은 태도를 180도로 바꾸었다. 보석금도 1500유로가 아닌 1000유로로 낮아졌다.

한국인 통역원은 뮌헨이 속한 바이에른 주는 자국민의 보호가 철저하고 외국인에 대한 법이 엄격하다며 과거에 있던 사건들에 대해 이야기해 주었다. 뭐, 결과적으로야 별일 없이 경찰서를 나왔고 5시간 정도 조사를 받았을 뿐이지만 차오르는 억울함에 우리나라가 너무도 그리웠던 순간이다.

색과 맛이 다른 독일맥주

257

드레스덴. 독일에서 가장 재미나는 시간을 보내고 많은 추억을 쌓은 곳이다.
이야기를 풀어 보자면, 함께 여행을 하던 친구의 군대 선임이 이곳에서 가족과 한식당을 운영하기에 찾아갔는데 그곳에서 우연히 나의 학교 후배를 만나게 된 것이다. 넓은 세상이 이때는 참 좁게 느껴졌다. 반가운 마음에 그들과 열심히 어울려 다녔다.

2 5 8

'군주의 행렬' 벽화. 함께 걸으며 드레스덴을 소개해 주던 후배는, 노란 벽화 속의 사람들은 지금의 드레스덴이 작센 공국이라는 소국가 시절 수도일 때 역대 군주들의 모습이라고 했다. 그들의 시절은 수백 년이 지나 이미 죽은 몸이지만 이름은 살아 있을 수 있도록 존재를 잊지 않고 존중해 주는 독일 문화에 감동을 받았다.

2 5 9

맥주를 한잔하고 나오는 길, 이색적인 풍경과 마주했다. 후배의 말에 의하면 제2차 세계대전 때 폭격당한 민간 지역인데 그 위를 흙으로 덮고 지내다가 최근 빌딩을 짓는 도중에 발견되었다고 했다. 전쟁의 폐허가 어떠한지 실감나게 했다.

#260

얀 체프를 다시 만난 건 2년 전 불가리아 플로브디프 이후 처음이다. 한국에 있으면서도 생일에는 서로 축하해 주고 가끔 안부를 전했는데 이번에 베를린에서 만나기로 한 것이다. 여행 중에 만난 현지인을 다시 만나는 것은 처음이라 설레는 마음으로 그를 찾아갔다. 활짝 웃으며 달려와서 허그를 하던 그의 옆에는 체프의 고향 친구와 대학교 친구들이 있었는데 모두 인상이 좋았다.

그들은 내가 모르는 사실까지 알고 있을 정도로 북한에 관심이 많았는데 김정은 체제에 대해 매우 비판적이었다. 아마 세계에서 유일한 분단 국가이기에 더욱 관심을 가지는 것 같았다. 제3국 사람들이 우리 민족에 대해 관심이 높다는 게 꽤 흐뭇했다.

우리는 동양과 서양의 교육 방식에 대해서도 이야기를 나눴다. 그들은 자신의 인생과 자식의 인생은 다르다며 먼 미래에 아이를 낳더라도 아이들의 인생에 간섭하지 않을 거라고 했다. 내가 한국의 부모님들은 대체로 자식의 인생에 많이 관여한다고 말하자 나에게도 그렇게 할 것인지 물었다. 나는 아들이면 친구들과 신나게 놀게 내버려 두겠지만 여자아이면 걱정이 많이 되어 어떻게 할지 모르겠다고 답했다.

261

베를린에서 6월 6일 챔피언스리그 결승전으로 바르셀로나와 유벤투스의 경기가 펼쳐졌다. 수많은 세계인이 이곳의 축제에 몰려들어 경기를 기다렸다. 나를 포함해서 내 친구들도 마찬가지였다. 오후 8시 45분, 경기 시작을 알리는 휘슬 소리를 스크린으로 듣고 친구들과 사진을 찍기 위해 휴대전화를 찾았다. 이런…. 내 휴대전화가 사라진 것을 알아차렸을 때는 이미 늦었다. 찍고 보정해 놓은 사진이 모두 사라져 버린다는 생각이 들자 분노가 치솟았다. 급히 친구의 휴대전화를 빌려 내 휴대전화를 원격으로 초기화하고 잠금을 걸었다. 그리고 정지시켰다.

그때는 몰랐다. 그게 시작이라는 것을. 한참 뒤에 신용카드 정보 유출로 누군가 온라인으로 'Nordstrame Direct'라는 미국 고급 백화점에서 300만원어치 물건을 구매하였다는 것을 알았다. 휴대전화를 잃어버리고 신용카드 정보가 노출되었다. 엎친 데 덮친 격으로 현금도 별로 없던 상태였다. 한국으로 돌아가야 하나, 어떻게든 여행을 계속해야 하나 많은 고민을 했다. 수습하기 어려울 정도로 복잡해진 상황에서 축구 경기가 눈에 들어오지 않았다.

262

다음 날 아침, 눈을 뜨자마자 떠오른 건 휴대전화와 신용카드였다. '막막하다'는 표현이 정말 와 닿았다. 타국에 와서 신용카드도 없고 현금도 없고 휴대전화도 잃어버린 상황. 하지만 마음이 전날과 달라졌는데 모든 걸 내려놓고 싶던 어제와 다르게 이 또한 경험이라는 생각이 들었다. 정말 남 일 같았던 모든 일이 한번에 몰려오긴 했지만 '이 또한 지나가리라.'라는 마음으로 여행을 계속하기로 했다.

생각해 보면 휴대전화를 잃어버린 건 좀더 세밀하지 못했던 내 행동의 결과다. 이 사건으로 남은 여행 중에는 조금 더 철저하게 내 물건들을 챙기게 되었다. 그리고 그나마 다행스럽게 정보 누출로 사용된 금액에 대해서는 카드회사에서 변상한다는 연락을 받았다.

263

베를린에서의 마지막 밤을 달래기 위해 찾아 나선 거리에서 자그마한 바를 발견했다. 속상한 일이 겹겹이 있던 탓에 데킬라와 맥주를 주문했는데 한 백인 중년 남성이 말을 걸어 왔다. 먼 옛날 나의 우상 중 한 명이었던 격투기 선수 피터 아츠의 동네 친구라고 소개한 그는 굉장히 쾌활하고 명쾌한 사나이였다.

어느 나라 사람이냐는 물음에 한국에서 왔다고 하니 자기는 아인트호벤 출신이라며 "지성 파레~~~" 하며 박지성 응원가를 부르고 이영표와 차범근, 허정무에 대해서도 말해 주었다. 그러면서 차붐은 헤딩을 잘한다며 액션을 취했는데, 박지성이나 이영표야 당시 아인트호벤의 주력 선수들이니 이해할 만하지만 네덜란드 사람이 차붐을 알 정도라니 과거 차범근이 유럽에서 얼마나 대단한 선수였는지 알 수 있었다.

여행을 하는 중에 대한민국 기업을 안다거나 우리나라 스포츠 선수를 알고서 말을 건네는 사람들이 더러 있었는데 그런 그들이 반갑고 고마웠다.

264

독일에서 가장 큰 항구 도시인 함부르크의 열차역은 동서남북 여러 방향으로 가기 위해 대기 중인 사람들로 분주했다. 햄버거의 본고장인 함부르크는 땅 면적은 다른 주보다 작았지만 경제와 무역으로 발전한 독일 제2의 도시다.

함부르크에 도착했을 때는 오후 2시였는데 날씨가 우중충할 때가 많은 이곳이 이날따라 화창했다. 하늘은 맑다 못해 깨끗할 정도였고 기온도 따뜻해서 그런지 수많은 사람들이 알스터 호수 주변에서 휴식을 취하고 있었다. 노를 저으면서 서핑하는 두 청년이 있어 손을 흔들어 인사를 건네자 그들 역시 손을 흔들어 답례를 보내 왔다.

2 6 5

'도시를 모아두다' 는 뜻을 가진 슈파이어슈타트는 300년 역사를 가진 창고가 있던 거리다. 과거 항구에서 물자를 하역하던 이곳은 현재 사무실로 사용되는데 300년이란 긴 시간이 지났지만 여전히 과거 모습을 유지하며 고풍스러운 향기를 품고 있었다.

2 6 6

덴마크 코펜하겐으로 향하는 길이다. 화장실을 갔다가 나오니 열차가 어느 건물 안에 정착해 있었다. 무슨 일인가 싶은 다급한 마음에 주변 사람에게 묻자 우리가 배 안에 있다는 것이다. 이게 무슨 상황인가. 사람들을 따라 엘리베이터로 발걸음을 옮겼다.

2 6 7

우리가 탄 열차가 배에 실린 것이다. 내부에는 식당과 면세 코너 그리고 환전 은행이 있었는데 밖의 풍경을 보고 싶은 마음에 갑판으로 올라갔다. 점점 멀어져 가는 독일을 보며 배에 탔다는 걸 실감했는데 열차가 배에 실린다는 건 도저히 상상할 수 없던 일이라 꽤 신기했던 경험이다.

덴마크

은퇴 후의 삶을 꿈꾸게 하는 곳

268

오덴세로 향한 이유는 단 하나, 안데르센. 덴마크가 낳은 동화의 아버지라 불리는 안데르센을 보기 위해서였다. 있었던 사실 그대로를 글로 적는 작업도 이리 힘든데, 자기만의 상상을 펼쳐 전 세계 사람들이 공감할 수 있는 동화 속 세상을 만든다는 게 무척이나 신기했다.

그의 작품으로는 『벌거벗은 임금님』, 『인어공주』, 『미운 오리 새끼』, 『성냥팔이 소녀』 등 세계적인 베스트셀러가 많은데 본인의 경험을 바탕으로 해서 영감을 받아 지었다고 한다.

2 6 9

오덴세의 빈민가 출신인 그는 어린 시절 아버지가 돌아가신 뒤 열네 살 무렵에 코펜하겐으로 혼자 떠나게 되고 그곳에서 우여곡절 끝에 대학을 졸업하고 훌륭한 작가로 거듭났다. 인어공주가 신분의 차이를 이기지 못하고 거품이 되어 버리고, 추위를 이기지 못하고 죽는 성냥팔이 소녀의 이야기처럼 그의 동화에서 빼놓을 수 없는 공통적인 점은 '신분'과 '차별'이다. 세계적인 작가로서 부와 명예를 얻었지만 당시 시대상 사회의 큰 부분을 차지했던 신분이라는 것이 그에게는 늘 콤플렉스였던 것이다. 작가로서 성공한 이후 왕과 함께 식탁에 마주앉을 수 있는 그였지만 본인 스스로를 묘사해서 만든 미운 오리 새끼처럼 차별받던 그의 삶과 경험이 창작의 근원이 되지 않았을까 생각해 보았다.

여행은 정신을
다시 젊어지게 하는 샘이다.
안드레센

2 7 0

덴마크의 수도 코펜하겐은 호텔 지역, 식당 지역, 번화가 지역, 주택가 지역 등이 확실하게 구분되어 있었다. 물이 맑고 도시 전체가 깨끗하고 치안도 좋아 보였던 코펜하겐은 노년에 은퇴 후 살고 싶다는 생각이 들게끔 깔끔한 이미지를 보여 주었다.

2 7 1

동화 속 마녀가 사는 집 같다는 상상을 하며…. 저 옆엔 공원이 있는데 마치 백설공주와 일곱 난쟁이가 어딘가 집을 짓고 살 것 같은 느낌이….

272

코펜하겐의 니하운 운하는 17세기 중반에 개통되어 외국에서 수입한 물품을 내륙으로 보내는 덴마크의 무역 요충지가 되었다. 과거에는 선원들이 휴식을 즐기던 술집 거리였지만 지금은 여행객들이 식사와 커피를 즐길 수 있는 테라스를 겸비한 레스토랑 거리로 변했다.

맞은편에 앉아 파스텔 색상의 건물을 바라보며

솔라의 '여행자 길'을 들으며 시간을 보냈다.

\# 2 7 3

베를린에서 얀 체프와 함께 만난 친구를 코펜하겐에서 만났다. 음악을 사랑해서 열 살 때부터 기타를 치다가 스물여섯 살에도 여전히 기타를 치고 있는 알렉산더.

기타 가게에서 일하는 그에게 음악을 시작한 것에 대해 후회하지 않느냐고 물었는데 학창시절에 기타를 함께 치며 체프와 친구가 되었고 그로 인해 나도 만나게 되었다고 말하고는, 음악을 하면서 인생을 배우고 사람을 만났다며 심장이 말하는 대로 행동해야 하고 그것이 바로 자신의 인생에 대한 정답이라고 했다.

돈을 벌기 위해 불가리아에서 무작정 덴마크로 온 그는 호숫가 벤치에 앉아 종종 생각에 잠기곤 했다며 나를 코펜하겐 시내 중심에 있는 호숫가로 데리고 갔다.

맥주를 마시며 그와 이야기하는 시간이 참 즐거웠다.

5시간 정도 우리는 음악, 이성, 인생, 문화에 대해 이야기했는데 스웨덴으로 떠나야 하는 시간이 되었는데도 발이 떨어지지 않았다. 해가 지는 밤 10시 반이 되어서야 겨우 말뫼로 가기 위해 열차역으로 향했다.

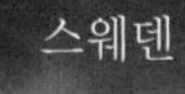

'삶의 무게' 노래를 들으며

274

말뫼는 덴마크 코펜하겐에서 30분 거리이기에 대개 덴마크를 보러 온 사람이 당일치기로 오거나 유럽 대륙으로 가기 위한 육로의 관문이기도 했지만 나에게는 북쪽으로 올라가기 위한 경유지였다. 하늘이 어두워지기 전 돌아다니면서 사진을 찍으려 했지만 며칠 동안 고통스러웠던 장염 때문에 숙소로 먼저 향했다. 하지만 숙소에서 다시 나왔을 때도 말뫼의 하늘은 여전히 아름다웠다.

2 7 5

나는 지금 말뫼의 어느 공장 주변을 걷고 있다. 공장 주변으로 옛 철로가 보였는데 열차역까지 이어진 철로는 이제는 사용을 하지 않는지 풀이 무성했다. 나는 혼자 철로를 따라 걸으며 시즈코 모리의 '삶의 무게'를 들었다.

분위기가 생각을 만드는지, 나무가 우거진 밤거리를 옛 철로를 따라 걸으니 묘한 기분이 들었다. 정말 멋진 아들, 멋진 아버지, 멋진 남편, 멋진 친구가 되어 언젠가 이 세상에 내가 존재하지 않더라도 나를 기억하는 누군가가 있는 그런 사람이 되도록 살아야겠다는 생각이 그날 밤 물씬 들었던 것이다.

2 7 6

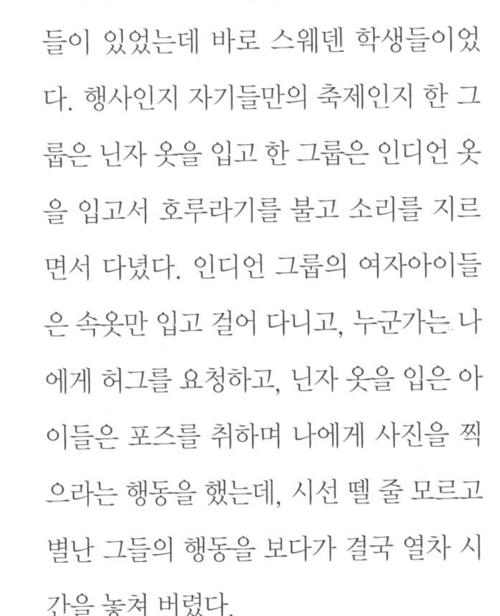
시내를 돌아보는 나의 발걸음을 잡는 이들이 있었는데 바로 스웨덴 학생들이었다. 행사인지 자기들만의 축제인지 한 그룹은 닌자 옷을 입고 한 그룹은 인디언 옷을 입고서 호루라기를 불고 소리를 지르면서 다녔다. 인디언 그룹의 여자아이들은 속옷만 입고 걸어 다니고, 누군가는 나에게 허그를 요청하고, 닌자 옷을 입은 아이들은 포즈를 취하며 나에게 사진을 찍으라는 행동을 했는데, 시선 뗄 줄 모르고 별난 그들의 행동을 보다가 결국 열차 시간을 놓쳐 버렸다.

2 7 7

스웨덴에서는 초·중학생으로 보이는 아이들이 길거리에서 담배 피우는 모습을 흔하게 보았다. 예전에는 흔한 일이 아니었는데 경제가 성장하면서 높아진 물가 때문에 대부분의 부모가 일을 하면서 아이들이 초등학생 때부터 술, 담배에 노출되었다고 한다. 이런 모습을 보면서 모두가 안타까워하지만 딱 거기까지인 듯싶었다. 걱정을 하지만 더 나은 삶을 위한 직장을 포기하지는 않는 것이다. 이건 한국도 똑같은 것 같다.

진정한 여행은 새로운 풍경을 보는 것이 아니라
새로운 눈을 가지는 데 있다.

마르셀 프루스트_ 프랑스 소설가

278

자그마한 언덕에 올랐다. 건물의 높낮이가 들쭉날쭉 한 우리나라와 다르게 예테보리 시내는 건물들이 비슷한 높이로 펼쳐져 있었다. 한가로운 오후를 즐기는 이곳 사람들의 여유로움이 한껏 묻어났다.

2 7 9

해가 질 무렵.

#280

스톡홀름에 발을 내디딘 사람들이 가장 기억에 남는 장소로 꼽는 곳은 감라스탄 역사 지구이다. 꼬불꼬불 연결된 골목길은 800년 가까이 된 감라스탄 존재 그 자체로 살아 있는 역사를 보여 주는 책과 같았다.

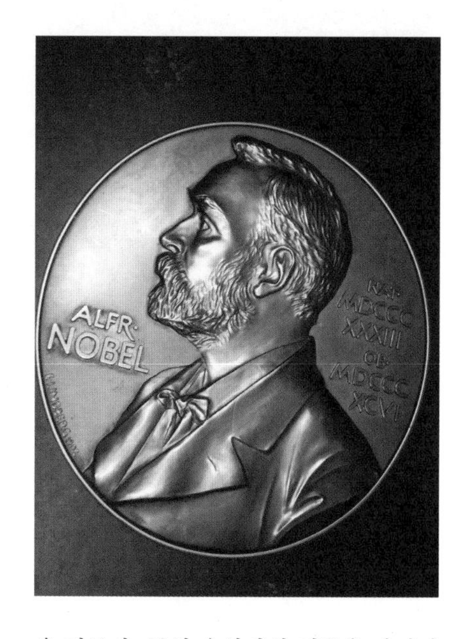

281

1833년 스톡홀름에서 태어난 노벨은 시인이나 문학가가 되고 싶었지만 아버지의 권유로 기술을 배운다. 서른 살에 스톡홀름에 돌아와 니트로 글리세린을 다루는 연구를 한다. 연구 중 형제를 잃기도 하지만 그럼에도 불구하고 독일 함부르크로 이주해서 결국 다이너마이트를 개발해서 출시하기를 강행한다. 철도, 터널과 세계를 이어주는 교량을 건설하는 데 사용되는 다이너마이트는 세계가 기다린 신기술이었다. 이후에 동쪽 끝의 일본에서 서쪽 끝의 샌프란시스코까지 94개 도시에 다이너마이트 공장이 생겼다. 부자가 된 노벨이지만 슬하에 자식이 없던 그는 외로운 사람이었고 많은 시간을 여행으로 보내게 된다.

세계를 돌며 세계화된 그는 자신의 재산 대부분을 물리학 · 화학 · 의학 · 문학 · 평화 5개 분야에서 매년 전년도에 인류에 큰 기여를 한 사람들에게 상을 수여하는 재단을 만든다. 특히 수상자의 민족을 따지지 않고 상을 수여하는 부분은 민족주의가 팽배하던 당시에는 전례가 없는 일이라 충격적이고 논란거리였다. 이 부분에서 그가 당시의 시대에서 '평화' 라는 단어에 한 발 먼저 다가서 있는 모습을 볼 수 있다.

노벨 경제학상은 이후에 제정된다. 노벨 경제학상은 1968년 스웨덴 국립은행 창립 300주년 기념 사업의 일환으로 제정되어 1969년부터 시상하게 되는데 애초 노벨의 유언장에 포함되어 있지 않음에도 불구하고 그의 이름을 사용하는 데에 시상에 정당성이 부여되는가 의문이 남았다.

2 8 2

초등학교 시절, 우리나라의 김대중 전 대통령께서 한국인 최초로 노벨 평화상을 받았다는 것을 알게 되었다. 이국의 땅이라고 해도 당당히 박물관의 한 자리를 차지하고 있던 그의 흔적에 여당이니 야당이니 복잡한 정치관을 떠나 대한민국 국민으로서 자랑스러웠다. 머지않은 훗날에 또 다른 수상자가 우리나라에서 나와서 세계가 주목하는 그런 나라가 되기를 진심으로 소망했다.

2 8 3

나의 이름이 적힌 카푸치노.

아무것도 아닌 커피 한 잔에도 특별함을 담는 유럽.

노르웨이

자연이 인간에게
선 물 해 준

2 8 4

오슬로에서 뮈르달로 가는 열차표는 미리 예약이 필요하다는 정보를 얻어 오슬로에 도착하자마자 매표소로 향했다. 다행히 두 자리가 남아 있어서 표를 살 수 있었다.

걷다가 마주친 풍경.

BIANCO.
Sone
Gågate
Varetransport
tillatt

#285

푸른 하늘과 초록 잔디가 묘하게 어울렸다.

중앙역 주변 트램 라인.

2 8 6

오슬로 시청사 앞 광장을 지나는데 왼편으로 중세시대 느낌의 성이 보였다. 무턱대고 들어갔다. 그곳은 아케르스후스 성. 제2차 세계대전 당시 오슬로를 비워 독일군이 점령하였지만 그 이전 600년이 넘는 동안 단 한 차례도 침공에 점령된 적 없던 노르웨이의 요새였다.

2 8 7

그곳에서는 음악회가 열리고 있었는데

푸른 녹음과 어울려 그대로 풍경이 되었다.

2 8 8

드디어 하루 더 쉬게 된다는 마음에 편하게 낮잠을 자고 뒹굴거리다 애스커를 둘러보러 나섰다.

289

구글에서 애스커를 쳐 보니 호수를 배경으로 한 사진이 많았다. 셈스반넷(Semsvannet)이라는 호수였는데 얼마나 걸리는지는 모르고, 숙소에서 왼쪽으로 나가 오른쪽으로 쭉 가면 된다는 말만 듣고 출발했다. 5분 정도 걸었는데 갈림길이 나온다. 모르겠다. 가게 앞에서 짐을 싣고 있는 아주머니에게 길을 물으니 내 슬리퍼를 보고는 걸어가기 힘들겠다며 잠시만 기다리면 그곳까지 데려다 주겠다고 하셨다. 5분가량 짐 정리를 끝내고 나를 태우고 호수로 출발했다.

아주머니는 30년 전에 한국에 온 경험이 있다며 서울과 대구를 방문했다고 하셨다. 아주머니는 그때의 추억을 나에게 설명했고 나는 빠르게 발전한 지금의 한국에 대해 말씀드렸다.

290

그렇게 도착한 호수. 정말 자연이 살아 숨 쉬는 곳이었다. 차에서 내리려고 하자 아주머니는 혼자 내려갈 수 있겠느냐며 사진만 찍을 거면 기다릴 테니 얼른 찍고 오라고 하셨다. 내 욕심으로는 여유 부리며 걷고 싶었지만 발의 상태가 너무 좋지 않았기 때문에 아주머니의 배려를 감사히 받아들였다.
아주머니는 다음 목적지는 어디냐며 노르웨이는 편안한 운동화가 아니면 힘들 거라고 하셨다. 발에 생긴 물집 때문에 신발 신기가 힘들다고 하자 가게로 들어가 약을 하나 챙겨 주시며 며칠이면 괜찮아질 테니 남은 일정 동안 여행 잘했으면 좋겠다고 하셨다. 표정이나 말투는 무뚜뚝했지만 친절함이 가득 묻어났던 아주머니에게 난 우리나라 식으로 몇 번이나 고개를 숙여 인사했는지 모른다.

#291

오슬로에서 뮈르달로 향하는 5시간의 여정이 시작되었다. 이 시원한 풍경. 한쪽에는 시원한 피오르드가 펼쳐지고 한쪽에는 드넓은 초원이 펼쳐져 자연을 누리면서 잠에 빠지게 만들었다. .

2 9 2

분주한 소리에 잠을 깼다. 사람들이 열차에서 내리는 중이었다. 눈을 떠 보니 화창한 날씨와 초원은 사라지고 차창 밖은 온통 하얀색이었다. 그렇게 설산뿐. 핀스라는 역에 내린 난 잠시 주변을 구경할 시간을 가졌는데 6월이란 걸 잊게 만든 이곳은 겨울이었다. 1222킬로미터 고지대였던 핀스는 하늘마저 구름이 끼어 설산과 하늘이 구별이 되지 않았다. 그후 뮈르달까지의 여정은 영화 '설국열차'를 연상시켰다.

2 9 3

뮈르달 역에 도착해서 플람 열차를 갈아탄 이후부터는 정말 노르웨이 산악의 진면목을 볼 수 있었다. 플람 철로처럼 정상궤도를 따라 가파른 협곡을 꼬불꼬불 운행하는 열차는 세계 어디에도 없을 듯. 맨 앞 칸에 타고 있던 나는 뱀처럼 구부러져 꼬리가 보이는 열차에 앉아 가파른 산악의 운치를 태연히 감상했다.

2 9 4

플람 노선은 약 스무 개의 터널을 통과하는데 거의 대부분을 수작업으로 뚫어서 당시 노동자들이 1미터를 뚫는 데 한 달 남짓 걸렸다고 했다. 그뿐만 아니라 고지대에서 가파른 산을 거쳐 플람 계곡까지 내려오는 궤도 철도를 건설한다는 것 자체가 당시 1920년대의 기술로는 엄청난 도전이었는데 결과적으로 노르웨이 철도 역사상 가장 대담한 도전이 성공적으로 이루어졌다고 한다. 근 100년 이후인 현재에도 이 철도를 따라 장엄하고 웅장한 산악 지대를 느낄 수 있다니 이 얼마나 감사한 일인가.

295

자연이 인간에게 선물해 준 아름다운 피오르드 하나만을 보기 위해서라도 노르웨이는 '죽기 전에 꼭 가야 할 곳' 이라고 말할 만한 곳이다. 고지대에서 내려다본 피오르드는 지상에서 바라보는 것과 또 다른 느낌으로 가슴을 뻥 뚫리게 해 주었다.

2 9 6

거침없이 나는 갈매기
울창한 나무와 단단한 바위 틈새로 흘러내리는 폭포
해안 주변에 늘어선 자그마한 오두막
저 멀리로 보이는 산악의 하얀 눈,

이 모든 것의 균형을 이뤄 주는 피오르드.

한국에선 이런 질문을 많이 받았다.
산이 좋으냐, 바다가 좋으냐?
이 질문을 무색하게 만드는 곳이 바로 노르웨이다.

2 9 7

오후의 베르겐은 생기로 가득 차 있었다.

2 9 8

카메라를 들고 다니는 관광객과 어시장에서 해산물 음식을 파는 현지인들로 베르겐 항구는 무척 북적였다. 15세기경 한자동맹으로 들어온 상인들은 매우 독특한 목조 가옥을 지었는데 이는 베르겐이라는 옛 부두를 관광객들로 붐비게 만들었다. 찬란했던 중세 시대의 베르겐을 충분히 느끼게 해 주었다.

299

오후 10시 30분에 플뤼엔 산 전망대로 올라가는 마지막 차가 출발하는데 5분 늦게 도착한 나는 차를 놓치고 걸어서 갈 수밖에 없었다. 거기다 길을 잘못 들어 빙글빙글 돌아서 올라가느라 더 시간이 걸릴 수밖에….

밤 12시가 지난 시각이라 아무도 없는 전망대에서 바라본 베르겐은 생각보다 크고 넓었는데 새벽이 되어도 해가 완전히 지지 않아 더욱 운치 있는 도시를 만들어 주었다. 오르락내리락 2시간 반을 소요하며 만 보를 걸어서 도착한 전망대에서 바라본 베르겐은 야경 하나만으로도 만족감이 생길 만큼 아름다웠다.

300

전망대에서 바라본 평화로운 베르겐의 야경이 너무도 아늑해서인지 우리 가족이 다 함께 살던 모습을 회상하게 해 주었다. 아빠, 엄마 그리고 나, 우린 정말 행복한 가족이었다.

301

새벽 4시가 되어서야 숙소를 향해 발길을 돌렸다.

시즈코 모리의 '노르웨이의 아침'을 들으며 아무도 없는 베르겐 거리를 카메라에 담는 순간 이어폰을 뚫고 들려오는 새들의 지저귐. 차분한 음률 속에 내 앞에 펼쳐진 모든 것들은 슬로 모션으로 나를 또다시 환희와 아쉬움으로 인도해 갔다.

epilogue 1.

멋진 과거가 우리에게 있었다고 해도 그건 장롱 위에 쌓인 먼지와 같은 지난 이야기일 뿐, 영원히 추억 속에만 남을 과거와 앞으로 찾아올 미래의 교차 지점에서 우리는 매일 산다. 그 교차점에서 벗어날 수 없다면 지킬 앤 하이드 속 노래 '지금 이 순간' 처럼 매 순간 지금에 최선을 다하고 내가 원하는 길에 도전하는 게 '행복'을 위한 최선은 아닐까.

그 렇 게 여 행 을 마 쳤 다 .

epilogue 2.

1년 8개월이라는 기간 동안 '집필'이라는 도전을 하며 책이 한 권 탄생하는 게 얼마나 어려운가를 배웠습니다. 저의 첫 원고를 비판하던 출판사들과 주변 지인들의 시선 그리고 너무나도 멋지게 만들어 낸 여러 작가들의 책에 기가 죽어 좌절도 많이 했습니다. 포기라는 단어를 수백 번도 더 떠올렸습니다. 하지만 나만의 이야기를 펼치고자 발에 물집이 생겨 걷기 힘들어도 걷고 또 걸었던 시간들, 나 나름 책을 위해 몇 달간 다시 떠나기도 했던 그 과정이 생각났습니다. 강도를 만나 칼끝에 위협당하고 자전거 도둑을 만나 경찰서에서 경위를 설명하고 신용카드 해킹을 당하여 난감했던 경험들….
우여곡절 끝에 돌아온 한국에서 이 글을 마무리하는 지금, 경험을 위한 소비는 소유물을 위한 소비보다 시간이 지날수록 더욱 값진 보물이 되기에 여행에 관련된 모든 경험은 곧 저의 이력이 된다고 생각합니다.
이 책을 읽는 독자분들 또한 여행은 일상의 탈출에서 시작되고 그 길이 행복으로 가는 지름길 혹은 인생의 갈림길에서 현명하게 선택할 수 있는 길이 된다는 것을 경험해 보시기 바랍니다.

책이 나오기까지 도와주신 주건우, 김택수, 신건웅, 동운 스님 그리고
응원해 준 마도회와 동네 친구들, 마지막으로 어머니, 아버지에게 감사의 마음을 바칩니다.

초판 1쇄 발행 2016년 9월 20일

글 · 사진 권동환
펴낸이 오세룡
기획 · 편집 박성화 손미숙 박혜진 이연희 최은영 김수정
디자인 정희숙 고혜정 김효선
홍보 · 마케팅 문성빈

펴낸곳 담앤북스
서울특별시 종로구 사직로8길 34 (내수동) 경희궁의 아침 3단지 926호
대표전화 02) 765-1251 **전송** 02) 764-1251
전자우편 damnbooks@hanmail.net
출판등록 제300-2011-115호

ISBN 979-11-87362-24-1 03980

이 도서의 국립중앙도서관 출판예정도서목록(CIP)은 서지정보유통지원시스템 홈페이지(http://seoji.nl.go.kr)와
국가자료공동목록시스템(http://www.nl.go.kr/kolisnet)에서 이용하실 수 있습니다.(CIP제어번호: CIP2016020916)

정가 16,000 원